区块链技术下"一带一路"数字供应链整合研究

麻黎黎　著

中国原子能出版社

图书在版编目（ＣＩＰ）数据

区块链技术下"一带一路"数字供应链整合研究 ／ 麻黎黎著．
—— 北京 ： 中国原子能出版社， 2020.10（2021.9重印）

ISBN 978-7-5221-0977-0

Ⅰ．①区… Ⅱ．①麻… Ⅲ．①区块链技术－研究

Ⅳ．① TP311.135.9

中国版本图书馆CIP数据核字（2020）第 193109 号

区块链技术下"一带一路"数字供应链整合研究

出版发行：中国原子能出版社（北京市海淀区阜成路 43 号　　100048）

责任编辑：张书玉

责任印刷：潘玉玲

印　　刷：三河市南阳印刷有限公司

经　　销：全国新华书店

开　　本：787mm×1092mm　　1/16

印　　张：13　　**字　　数**：230 千字

版　　次：2020 年 8 月第 1 版　　2021 年 9 月第 2 次印刷

书　　号：ISBN 978-7-5221-0977-0　　　　**定　　价**：48.00 元

网址：http://www.aep.com.cn　　　　E-mail: atomep123@126.com

发行电话：010-68452845　　　　版权所有　　侵权必究

前　言

随着以比特币为代表的数字货币的崛起，其底层支撑架构——区块链技术凭借去中心化信用、数据不可篡改等特点，吸引了世界许多国家政府部门、金融机构及互联网巨头公司的广泛关注，已经成为当前学术界和产业界的热点课题。区块链作为一种分布式数据存储、点对点传输、共识机制、加密算法等计算机技术在互联网时代的创新应用模式，被认为是继大型机、个人电脑、互联网之后计算模式的颠覆式创新，正在全球范围内引起一场新的技术革新和产业变革。目前，区块链的应用已延伸到物联网、智能制造、供应链管理、数字资产交易等多个领域。

区块链技术的开放性鼓励创新和协作。通过源代码的开放和协作，区块链技术能够促进不同开发人员、研究人员以及机构间的协作，相互取长补短，从而实现更高效、更安全的解决方案。近年来，已有不少海外金融机构和商业机构尝试基于区块链技术进行商业模式的改进。在中国，尽管这一技术尚未得到广泛认知和应用，但是已经开始引起越来越广泛的重视，其影响力正在快速增强，现在区块链技术已经被视为下一代全球信用认证和价值互联网的基础协议之一。

现阶段，市场是推动中国供应链管理的根本动力，民营经济是主力，珠三角、长三角是主战场，在全国已涌现了一批供应链管理优秀企业，供应链集成、供应链透明化、协同供应链、供应链金融、绿色供应链等快速推进。但在不同区域、不同行业，供应链发展极不平衡，市场运作不规范。由世界银行 2016 年发布的全球供应链绩效指数排名中，中国位居第 27 位，与世界第二大经济体、第一大进出口贸易伙伴的地位极不相称。中国必须寻求供应链变革，"供应链 +"必与"互联网 +"一样，在新常态下，在供给侧结构性改革中成为两个"翅膀"。2005 年，美国物流管理协会更名为美国供应链管理专业协会，这标志着全世界的物流已进入供应链管理时代。笔者把供应链管理分为三个维度去理解。第一，供应链管理是战略思维；第二，供应链管理是模式创新；第三，供应链管理是技术进步。

"一带一路"倡议的提出，旨在缩小亚太经济圈与欧洲经济圈之间经济凹陷区的经济发展差距。现阶段，为了满足人们对于物流服务效率的需求，在"一带一路"物流领域逐渐融入现代先进的信息互联网技术。目前，区块链技术作为比较先进的现代信息技术，其正在努力融入区域物流领域，旨在提高"一带一路"区域物流服务质量，缓解物流服务供求缺口矛盾。然而，从当前研究现状来看，区块链技术与"一带一路"区域物流仍未达到很好的结合。基于此，本书首先对区块链技术的原理与特征进行了阐述，然后介绍了数字供应链的相关理论和设计，最后本书就如何将区块链技术应用到"一带一路"数字供应链中进行了探讨分析。

目　　录

第一章 区块链技术概述

第一节 区块链结构原理

一、诞生自中本聪的比特币

提到比特币，或许你已经不感到陌生，2008年11月1日，一个自称中本聪（Satoshi Nakamoto）的人在一个隐秘的密码学评论组上贴出了一篇研讨陈述，陈述了他对电子货币的新设想，并描述了比特币的模式，论文简介如下。

"本文提出了一种完全通过点对点技术实现的电子现金系统，它使得在线支付能够直接由一方发起并支付给另外一方，中间不需要通过任何金融机构。虽然数字签名（Digital signatures）部分解决了这个问题，但是如果仍然需要第三方的支持才能防止双重支付（double-spending）的话，那么这种系统也就失去了存在的价值。我们在此提出一种解决方案，使现金系统在点对点的环境下运行，并防止双重支付问题。该网络通过随机散列（hashing）对全部交易加上时间戳（times tamps），将它们合并入一个不断延伸的、基于随机散列的工作量证明（proof-of-work）的链条作为交易记录，除非重新完成全部的工作量证明，形成的交易记录将不可更改。最长的链条不仅将作为被观察到的事件序列（sequence）的证明，而且被看作是来自CPU计算能力最大的池（pool）。只要大多数的CPU计算能力都没有打算合作起来对全网进行攻击，那么诚实的节点将会生成最长的、超过攻击者的链条。这个系统本身需要的基础设施非常少。信息尽最大努力在全网传播即可，节点（nodes）可以随时离开和重新加入网络，并将最长的工作量证明链条作为在该节点离线期间发生的交易的证明。"

2008年11月1日凌晨2：10，中本聪又发出了题为"Bitcoin P2P e - cash paper"（比特币P2P电子现金论文）的邮件。在该邮件中他给出了附有上述见解的论文的链接，重述了比特币的四个主要特性，分别是可以用点对点的网络解决双重支付问题；使用者可以完全匿名；用于制造新货币的"工作量证明"机制同样可以用来预防双重支付；可以用哈希现金形式的"工作量证明"来制造新的货币等。于是，比特币就此面世。

中本聪创造出来的比特币基于无国界的对等网络，用共识主动性开源软件发明创立的，是加密货币及区块链的始祖，也是目前知名度与市场总值最高的加密货币。比特币揭露了散布总账的弊端、摆脱了第三方机构的制约。

中本聪称为"区域链"的运行过程如下：

（一）诞生矿工，形成"区域链"

用户愿意奉献出 CPU 的运算能力，运转一个特别的软件来做一名"挖矿工"，这会构成一个网络共同来保持"区域链"。

（二）诞生新币，延伸网络

在这个过程中也会生成新币。买卖也在这个网络上延伸，运转这个软件的电脑正向破解不可逆暗码难题，这些难题包含好几个买卖数据。

（三）买卖区域加入链条

第一个处理难题的"矿工"会得到 50 比特币奖赏，相关买卖区域加入链条。

（四）形成有规律的"挖矿"

"矿工"数量是会不断增加的，但是每个谜题的艰难程度也随之提高，这使每个买卖区的比特币生产率保持在约 10 分钟一枚。

从运行上来看，比特币实际上是一个互联网上的去中心化账本。使用比特币是通过私钥作为数字签名，允许个人直接支付给他人，不需经过如银行、清算中心、证券商等第三方机构，从而避免了手续费高、流程烦琐等问题。

和法定货币相比，比特币没有一个集中的发行方，而是由网络节点的计算生成，谁都有可能参与制造比特币，而且可以全世界流通，可以在任意一台接入互联网的电脑上买卖，不管身处何方，任何人都可以挖掘、购买、出售或收取比特币，并且在交易过程中外人无法辨认用户身份信息。

但比特币的创始人"中本聪"的身份一直都是个谜。中本聪本人在互联网上留下的个人资料很少，尤其是近几年几乎完全销声匿迹。所以，其身世也变成了一个谜。

二、区块链与比特币

比特币本质上就是一个基于互联网的去中心化账本，而区块链就是这个账本的名字。

或许你还有疑问，明明本书的主旨是介绍区块链与供应链，为什么在前面却谈论到比特币，两者之间，到底是什么关系呢？本节笔者将深度解读比特币与区块链之间的关系。

比特币中"币"这个词语，虽然准确地描述了其金融属性，但由于过于形象，使得大多数人对于它如何能与完全虚拟的"比特"关联起来疑惑不解。其实，在比特币的系统中，最重要的并不是"币"的概念，而是一个没有中心存储机构的"账本"的概念（上文曾说过"从运行上来看，比特币实际上是一个互联网上的去中心化账本"），而"币"的概念，是在这个账本上使用的记账单位。

所以，比特币本质上就是一个基于互联网的去中心化账本，而区块链就是这个账本的名字。

虽然如此，但是区块链与比特币还是存在区别的。

比特币对点网络，将所有的交易历史都储存在"区块链"中，为什么比特币点对点网络能够将所有的交易历史都存储在"区块链"中？其原理如下。

①区块链在持续延长，而且新区块一旦加入区块链中，就不会再被移走。

②区块链实际上是一群分散的客户端节点，并由所有参与者组成的分布式数据库，是对所有比特币交易历史的记录。

③比特币的交易数据被打包到一个"数据块"或"区块"（block）中后，交易就算初步确认了。

④当区块链接到前一个区块之后，交易会得到进一步确认。

⑤在连续得到 6 个区块确认之后，这笔交易基本上就不可逆转地得到确认了。

（一）区块链不等于比特币

虽说区块链的基本思想诞生于比特币的设计中，但两者却又不同。比特币侧重于挖掘数字货币的实验性意义，而区块链侧重于从技术层面探讨和研究可能带来的商业系统价值，试图在更多的场景下释放智能合约和分布式账本带来的科技潜力。

（二）区块链不完全等于数据库

虽然区块链也可以用来存储数据，但它要解决的核心问题是多方的互信问题。单纯从存储数据角度看，区块链的效率可能不高，也不推荐把大量的原始数据放到区块链系统上。但是，在现有的区块链系统中，与数据库相关的技术十分关键，直接决定了区块链系统的吞吐性能。

（三）区块链技术正在被不断地开发

作为融合多项已有技术而出现的新事物，区块链跟现有技术的关系是一脉相承的。

比特币在解决多方合作和可信处理上向前多走了一步，可并不意味着它是万能的。但不可否认的是，区块链所适用的场景正在被人们不断地研究和开发。到这里你可能会恍然大悟，区块链是比特币的核心与基础架构，是一个去中心化的账本系统，也就是说，区块链虽然脱胎于比特币，但区块链无论作为一个系统还是作为一项技术，它的应用领域及发展潜力远不止货币。

三、颠覆世界的动因之一：去中心机制

去中心机制能够解决"沙丁鱼抵御鲨鱼"与"拜占庭将军问题"，是区块链的核心技术之一。

从技术的角度来看，区块链就是比特币的基础架构方式，而区块链中的去中心机制，是区块链的一大技术核心。

（一）沙丁鱼抵御鲨鱼

想要理解去中心化的含义，在这里，笔者先讲一个"沙丁鱼抵御鲨鱼"的故事。

我们知道，海洋里面有许多厉害且凶残的鲨鱼，它们是在海洋食物链的最上层。与庞大的鲨鱼相比，沙丁鱼简直是微不足道的，甚至没有任何的抵抗能力，也没有躲避能力。但是，面对凶残的鲨鱼捕食，沙丁鱼该如何抵御呢？如图 1-1 所示。

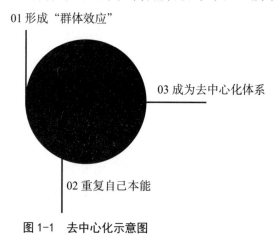

图 1-1　去中心化示意图

（二）形成"群体效应"

弱小的沙丁鱼在进化中学会了形成"群体效应"，当天敌鲨鱼冲过来时，沙丁鱼们会聚拢在一起形成一个群体，而且这个群体规则非常简单，每条沙丁鱼只要盯紧它周围前后左右的鱼，与其保持相同的距离和方向。

（三）重复自己的本能

当鲨鱼扑向沙丁鱼群时，鱼群的变化会让鲨鱼变得不知道该捕捉哪里。于是，每一条沙丁鱼都在重复自己的本能，而当全体沙丁鱼都正确地做出动作时，它们就变成了一个流动性的整体，让鲨鱼找不到进攻的目标和方向。

（四）成为去中心化的体系

我们可以把这个沙丁鱼群，看成是一个去中心化的体系，这个体系可以让它们在残酷的自然界中生存下来，不断进化。

区块链中就包含了沙丁鱼群具备的去中心化特征，而区块链的种种特性——去中心化机制、共识机制、分布式结构所形成的规则，使原本散落在全球的交易数据第一次在网际间流动聚合，涌现出一个价值数据的巨大"沙丁鱼群"，也演化出其自身的种种智能。

四、拜占庭将军问题

在揭开去中心机制的谜底之前，来回顾一个历史上的经典问题：拜占庭将军问题。

拜占庭将军问题（Byzantine failures）是由莱斯利·兰伯特提出的点对点通信中的基本问题，含义是在存在消息丢失的不可靠信道上，试图通过消息传递的方式达到一致是不可能的。

这里，我们来详细还原这个故事。

由于当时拜占庭帝国国土辽阔，出于防御目的，每支军队都相隔很远，将军与将军之间只能靠信差传送消息。在战争的时候，拜占庭军队内所有将军和副官必须达成共识，决定是否有赢的机会才去攻打敌人的阵营。但是，在军队内有可能存在叛徒和敌军的间谍，会左右将军们的决定，扰乱整体军队的秩序。所以，在达成共识时，其结果难以代表大家的全部意见。

这时候，在已知有成员谋反的情况下，其余忠诚的将军在不受叛徒的影响下如何达成一致的协议，是一个难题，于是，拜占庭将军问题就此形成。其实，拜占庭将军问题是一个协议问题，拜占庭帝国军队的将军们必须一致同意是否攻击某一支敌军。

问题是这些将军在地理上是分隔开来的，且不排除将军中有叛徒。所以，达成共识并不是那么简单，而是有可能会出现以下问题：

①将军家的叛徒可能欺骗某些将军，自己采取进攻行动。

②将军中的叛徒可能怂恿其他将军的行动。

③将军中的叛徒可能迷惑其他将军，使他们接受不一致的信息。

出现以上任意一种情况，则任何攻击行动都注定是失败的，因为只有完全达成一致的努力才能获得胜利，所以，最大的问题就是将军之间如何能够达成共识。

假设有三个将军：将军 A、将军 B、将军 C，他们三个中至少有一个叛徒。当将军 A 发出进攻命令时，会把命令传递给将军 B 和将军 C。

如果将军 B 是叛徒，将军 B 可能告诉将军 C，将军 B 收到的是"撤退"的命令，这时将军 C 收到一个"进攻"，一个"撤退"的命令，于是，将军 C 被信息迷惑，不知道哪一个才是真实命令。

如果将军 A 是叛徒，告诉将军 B "进攻"，而告诉将军 C "撤退"，当将军 C 告诉将军 B，将军 C 收到 "撤退" 命令，但是，由于将军 B 收到了将军 A "进攻" 的命令，也就无法与将军 C 保持一致的命令。

正由于上述原因，在只有三个角色的系统中，只要有一个是叛徒，即叛徒数是 1/3，拜占庭将军问题便不可解。历史上并没有真正的拜占庭将军的问题，在前文中笔者也说过，这是一个莱斯利·兰伯特提出的点对点通信中的基本问题，但是，这个例子却完美地表达了分布式一致性的核心问题。

其实，一致性问题尤其是分布式系统的一致性问题是个很大的概念，也是计算机科学领域很早就在研究的内容。传统上对这个问题的研究是为了增加分布式系统的可靠性，比如 Twitter、Facebook 这样的系统，它们有很多服务器，同时记录着系统上发生的所有行为。

每一条信息分别记录在不同的后台节点上，系统具有分布式的特征，如果记录出现不一致，就有可能发生用户信息丢失的情况。

时至今日，这样的系统也没有达成完美的一致性，分布式系统和去中心化系统并不是等同的概念，但是都要面对在缺乏信任的前提下如何取得一致的问题。

在任何一个系统中，不一致的信息都会造成系统混乱。去中心化的系统没有中央管理机构，因而信息传播的一致性更是关键的问题。

五、去中心化问题的解决

如何解决拜占庭将军的问题，中本聪提出了解决方案，就是区块链，这里重点讲解区块链中的去中心机制。

去中心机制，就是中心的弱化，也是中心的多元化，根据中本聪的设计，区块链通过构造一个以 "竞争—记账—奖励" 为核心的经济系统，其运行过程如图 1-3 所示。

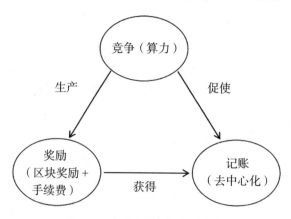

图 1-2　去中心机制运行过程图

在上图这个结构中，每一个节点只需要根据自身利益行事，也出于"自私"的目的进行竞争，最终造就了保护系统安全的庞大算力基础，提升了系统的可靠性，可以说实现了最基本的去中心化。

去中心本身不是目的，只是一种手段。去中心是"中本聪记账法"为了实现兼顾所有利益相关者的利益所采用的一种特殊手段。

去中心不是一个绝对的概念。严格意义上讲应该是泛中心，因为，绝对的没有中心是无法实现的，至少现阶段是无法实现的。

去中心是必要的。去中心化并不是一个描述状态的词，而是一个描述过程的词，状态的去中心化并不意味着过程的去中心化，僵尸网络的节点在状态上是分散的，但在行为模式上具有高度一致性。去中心化的本意是指每个人参与共识的自由度，有参与的权利，也有退出的权利。

六、共识机制

在讲解共识机制之前，请你先来思考一个问题，即"我们的面包来自于哪里？"亚当·斯密在《国富论》中说道："我们的晚餐并非来自屠夫、酿酒师或者面包师傅的仁慈之心，而是他们的自利之心。我们不要说唤起他们利他心的话语，而要说唤起他们利己心的话语。我们不说自己有需要，而要说对他们有利。"

你是否赞同亚当·斯密的说法呢？

我想答案应该是"赞同"，因为在市场经济中，仿佛存在一个去中心化的系统，这个系统中的共识机制就是市场经济制度，市场中的每个参与者都在遵守商业规则，按照自己利益最大化的原则做自己的事情，也按照自己利益最大化的原则与他人达成合作，这就共同推动了市场经济的发展。

在中心化的结构体系中，系统的共识由中心决定，各个参与者只需要服从这个中心即可。所以共识的建立是必要且高效的，而在去中心化的结构体系中，由于各参与者的地位平等，当出现意见不统一的时候，如何让意见相统一，就是一个难题。

所以，共识机制，即在足够大的范围内，各种各样的个体之间如何形成统一意见的机制。共识机制，就是所有记账节点之间如何达成共识，去认定一个记录的有效性，这既是认定的手段，也是防止篡改的手段。

共识机制的核心意义有两点，第一，通过共识机制形成的意见并不是绝对公正的，而是大家可以接受的；第二，共识机制实现的手段是多种多样的。区块链所建立的是一种去中心化的共识机制，这种共识机制结合了数字加密和博弈论，使得参与者在无须任何外部强制约束的情况下，即自行形成了相互牵制的可信环境。

这种可信的环境去除了中心化授权中外部的管制的必要性，甚至恰恰是建立在互不信任的基础之上的，于是这种去中心化、去信任的区块链架构所解决的正是这个充满虚拟与匿名的网络世界的信用与治理问题。

目前主要有四大类共识机制，分别是 PoW、PoS、DPoS 以及分布式一致性算法。

（一）PoW

PoW 也是工作量证明，也就是比特币的挖矿机制，矿工通过把网络尚未记录的现有交易打包到一个区块，然后不断遍历尝试来寻找一个随机数，使得新区块加上随机数的哈希值满足一定的难度条件。找到满足条件的随机数，就相当于确定了区块链最新的一个区块，也相当于获得了区块链的本轮记账权。

矿工把满足挖矿难度条件的区块在网络中传播出去，全网其他节点在验证该区块满足挖矿难度条件，同时区块里的交易数据符合协议规范后，将各自把该区块链接到自己版本的区块链上，从而在全网形成对当前网络状态的共识。其中，比特币区块链的共识机制是通过工作量证明（PoW）来实现的，这种机制中的每个节点可以平等地参与竞争，并通过激励构建了一个正循环的经济系统，从而逐渐积累了保护系统安全的庞大算力。

PoW 的优点是：完全去中心化，节点自由进出，避免了建立和维护中心化信用机构的成本；只要网络破坏者的算力不超过网络总算力的 50%，网络的交易状态就能达成一致。

PoW 缺点是：挖矿的激励机制也造成矿池算力的高度集中，背离了当初去中心化设计的初衷；PoW 机制的共识达成的周期较长，每秒只能最多做 7 笔交易，不适合商业应用。

（二）PoS

PoS 即权益证明，要求节点提供拥有一定数量的代币证明来获取竞争区块链记账权的一种分布式共识机制，拥有权益越大则成为下一个记账人的概率越大。

如果单纯依靠代币余额来决定记账者，必然使得富有者胜出，导致记账权的中心化，降低共识的公正性，因此不同的 PoS 机制在权益证明的基础上，采用不同方式来增加记账权的随机性来避免中心化。

PoS 也具有优点和缺点。

优点：在一定程度上缩短了共识达成的时间，降低了 PoW 机制的资源浪费。

缺点：①没有专业化，拥有权益的参与者未必希望参与记账；②容易产生分叉，需要等待多个确认，且永远没有最终性，需要检查点机制来弥补最终性。

（三）DPoS

DPoS 在 PoS 的基础上，将记账人的角色专业化，先通过权益来选出记账人，然后记账人之间再轮流记账。

这个形式类似于董事会投票，持币者投出一定数量的节点，代理们进行验证和记账。

优点：大幅缩小参与验证和记账节点的数量，可以达到秒级的共识验证。

缺点：选举固定数量的见证人作为记账候选人有可能不适合于完全去中心化的场景。

（四）分布式一致性算法

改算法解决的问题是一个分布式系统如何就某个值（决议）达成一致。在工程实践意义上来说，就是可以通过分布式实现多副本一致性、分布式锁、名字管理、序列号分配等。比如，在一个分布式数据库系统中，如果各节点的初始状态一致，每个节点执行相同的操作序列，那么它们最后能得到一个一致的状态。为保证每个节点执行相同的命令序列，需要在每一条指令上执行一个"一致性算法"以保证每个节点看到的指令一致。分布式一致性算法是基于传统的分布式一致性技术。

七、颠覆世界的动因之三：分布式结构

分布式是区块链的结构，分布式账本是区块链的核心技术之一。

区块链根据系统确定的、开源的、去中心化的协议，构建了一个分布式的结构体系，让价值交换的信息通过分布式传播发送给全网，通过分布式记账确定信息数据内容，盖上时间戳后生成区块数据，再通过分布式传播发送给各个节点，实现分布式存储。

（一）分布式的三个步骤

也可以说，区块链的这个过程是由三部分组成的，分别是分布式储存、分布式传播、分布式记账。

1. 分布式记账

从硬件的角度讲，区块链的背后是大量的信息记录存储器（如电脑等）组成的网络，这一网络如何记录发生在网络中的所有价值交换活动呢？区块链设计者没有为专业的会计记录者预留一个特定的位置，而是希望通过自愿原则来建立一套人人都可以参与记录信息的分布式记账体系，从而将会计责任分散化，由整个网络的所有参与者来共同记录。

2. 分布式传播

区块链中每一笔新交易的传播都采用分布式的结构，根据 P2P 网络层协议，消息

由单个节点被直接发送给全网所有其他的节点。

3. 分布式存储

区块链技术让数据库中的所有数据均存储于系统所有的电脑节点中，并实时更新。完全去中心化的结构设置能使数据实时记录，并在每一个参与数据存储的网络节点中更新，这就极大地提高了数据库的安全性。

通过分布式记账、分布式传播、分布式存储这三大"分布"，我们可以发现，没有人、没有组织、甚至没有哪个国家能够控制这个系统，系统内的数据存储、交易验证、信息传输过程全部都是去中心化的。在没有中心的情况下，大规模的参与者达成共识，共同构建了区块链数据库。

（二）时间戳与密码签名共建的分布式账本

根据上文分析我们可以知道，分布式账本是一种在网络成员之间共享、复制和同步的数据库或记录系统。

分布式账本记录网络参与者之间的交易，比如资产或数据的交换，这种共享账本消除了调解不同账本的时间和开支。网络中的参与者根据一致性原则来制约和协商账本中的记录的更新，没有第三方仲裁机构（比如银行或政府）的参与。分布式账本中的每条记录都有一个时间戳和唯一的密码签名，这使得账本成为网络中所有交易的可审计历史记录。

我们已经了解了区块链的基本结构，即"人们把一段时间内生成的信息（包括数据或代码）打包成一个区块，盖上时间戳，与上一个区块衔接在一起，每下一个区块的页首都包含了上一个区块的索引数据，然后再在本页中写入新的信息，从而形成新的区块，首尾相连，最终形成区块链"。不要小看这个结构，这个结构有着神奇之处，即"区块（完整历史）+ 链（完全验证）= 时间戳"。

"区块 + 链 = 时间戳"，这是区块链数据库的最大创新点，区块链数据库让全网的记录者在每一个区块中都盖上一个时间戳来记账，表示这个信息是这个时间写入的，形成了一个不可篡改、不可伪造的数据库。

第二节　区块链架构模型与特征

一、区块链的架构

源于比特币社区的区块链技术，不仅为金融机构所重视，也逐渐为世界主要经济体及重要国际组织所关注。作为软件和系统工程领域重要的衍生方向，区块链及其系统的研发、设计和应用需要通用架构模型的支持，本节对区块链常见架构进行分析。

通用的区块链架构模型分为数据层、网络层、共识层、激励层和智能合约层五个层次。

（一）数据层

数据层是最底层的技术，是一切的基础，此层的主要工作是将一段时间内接收到的交易数据封装到带有时间戳的数据区块中，链接到当前最长的主区块链上，形成最新的区块。数据层主要实现了两个功能，分别是相关数据的储存以及账户和交易的实现与安全。在"数据层"中，包含区块数据、链式结构、数字签名、哈希算法、Merkle 树、非对称加密等技术要素。

通用的区块链架构模型分为数据层、网络层、共识层、激励层和智能合约层五个层次。

数据存储主要基于 Merkle 树，通过区块的方式和链式结构实现，大多以 KV 数据库的方式实现持久化，比如以太坊采用 leveldb。账户和交易的实现基于数字签名、哈希函数和非对称加密技术等多种密码学算法和技术，保证了交易在去中心化的情况下能够安全地进行。

（二）网络层

第二层是网络层，网络层主要实现网络节点的连接和通信，又称点对点技术，是没有中心服务器、依靠用户群交换信息的互联网体系。此层是区块链实现的重要载体，根据实际应用需求，网络层需要设计特定的传播协议和数据验证机制，使得每个节点都能参与区块数据的校验和记账过程。网络层中包含封装了区块链的组网方式、消息传播协议和数据验证机制等要素。

（三）共识层

共识层主要实现全网所有节点对交易和数据达成一致，也就是在决策权分散的系统中，保障各节点区块数据的有效性达成共识。如何高效地达成共识是分布式计算领域的重点和难点。

（四）激励层

激励层是发行机制，激励机制。激励层提供激励机制和措施，鼓励节点参与区块链的安全验证，其目的是兼顾共识节点最大化收益的期望以及获得最大化收益。也就是说，在去中心化系统中，节点参与数据验证和记账的根本目标是获得最大化的收益，因此需要设计一套激励机制，在保障区块链系统安全性和有效性的同时，兼顾共识节点最大化收益的期望。区块链的激励层包括发行机制和分配机制，共同保障了激励机制和共识过程的实现。

为了便于理解，可将激励机制的运行过程带入比特币中，我们知道所有的比特币均通过奖励那些创建新区块的矿工的方式产生，该奖励大约每四年减半。目前比特币系统每 10 分钟产生一个新区块，每个区块奖励 12.5 个比特币给矿工，这是货币发行的方式；另一个激励的来源则是交易费。所有交易都需要支付手续费给记录区块的矿工，如果某笔交易的交易费不足，那么矿工将拒绝执行。

（五）智能合约层

智能合约赋予账本可编程的特性，智能合约层主要由客户端完成记账转账功能，智能合约层是区块链价值实现的重要体现，从最初的数字货币开始，以比特币为典型应用代表，发展到当前基于智能合约的各种区块链应用。除了金融领域之外，智能合约在供应链管理、文化娱乐、智能制造、社会公益、教育就业等领域的应用也越来越丰富。

同时，这一层通过在智能合约上添加能够与用户交互的前台界面，形成去中心化的应用 (DAPP)。

二、区块链技术结构模型

在实际应用中，区块链的技术架构与具体应用息息相关，不同应用需要不同平台框架的支撑，也就对应了不同的技术架构实现，了解了区块链的架构模型之后，我们再来了解区块链的架构模型应用。

（一）第一个阶段：数据的管理和存储

在区块数据的管理和存储中，区块数据的加密、数字签名、数据存储是很重要的内容。

一般来说，区块链并不直接保存原始数据，而是通过哈希函数将原始数据转换成特定长度的、由数字和字母组成的字符串记录到区块链中。为保证去中心化环境中的信息安全，区块链广泛采用非对称加密算法，通过 Merkle 树作为数据结构，封装到一个指定的数据区块中，区块之间通过链式结构连接，最终形成一个区块链，分布式存储在各个节点。

（二）第二个阶段：数据的传播和验证

在区块数据的传播和验证方面，由于区块链系统具有分布式、自治性等特性，一般采用对等式网络来组织散布全球的参与数据验证和记账的节点，主要通过分布式传播和验证机制来实现。即任意区块数据生成后，将由生成该数据的节点广播到全网，由其他所有的节点来加以验证，这个过程由当前互联网上的传播协议实现，一般根据实际应用需求设计合适的传播协议。区块链的节点接收到邻近节点发来的数据后，将首先验证该数据的有效性，在P2P网络中，每个节点都时刻监听网络中广播的数据。

如果被监听的数据有效，就可以按照接收顺序为新数据建立存储池，同时继续向邻近节点转发；如果被监听的数据无效，便可以放弃该数据，进而保证无效数据不会再继续传播。

（三）第三个阶段：数据的更新

分布式系统的数据更新是一个难点，区块链系统一般采用基于共识机制的数据更新机制，通过设定一套规则，确定哪些参与节点有权参与数据的记账，获得记账的节点有权参与数据的确认，从而进一步实现数据的更新。

（四）第四个阶段：智能合约

区块链应用是区块链价值实现的重要内容，可以说，区块链的核心是智能合约，智能合约由脚本代码和算法构成。

全程安全保护和保障是全程都在起作用，区块链应用、区块数据传播和数据更新等需要相关的安全和保障机制。

基于激励的安全保障技术是区块链应用过程中的重要内容，从理论上说，参与的人数越多，其安全和保障能力就越强。在具体应用中，将发行机制、分配机制融入有效的激励措施，鼓励更多的节点参与。

三、智能合约的特性与运行原理

智能合约又称智能合同，是由事件驱动的、具有状态的、获得多方承认的、运行在区块链之上的且能够根据预设条件自动处理资产的程序。智能合约最大的优势是利用程序算法替代人们仲裁和执行合同。从本质上讲，智能合约也是一段程序，智能合约继承了区块链的三个特性。

（一）数据透明

区块链上所有的数据都是公开透明的，因此智能合约的数据处理也是公开透明的，运行时任何一方都可以查看其代码和数据。

（二）不可篡改

区块链本身的所有数据不可篡改，因此部署在区块链上的智能合约代码以及运行产生的数据输出也是不可篡改的，运行智能合约的节点不必担心其他节点恶意修改代码与数据。

（三）永久运行

支撑区块链网络的节点往往达到数百甚至上千，部分节点的失效并不会导致智能合约的停止，其可靠性理论上接近于永久运行，这样就会保证智能合约能像纸质合同一样每时每刻都有效。

第三节　区块链技术发展历程

一、存放数据的集成块——区块

什么是区块？区块是存放交易数据的一个集成块，就像是一个虚拟的、专门用来存储交易数据的盒子，也像是数据库里的一个记录了一些交易的表，或者像是传统的记录交易的流水账里的一页。

当然这个区块也是盒子，也或者是表或者是页，总之它有一点特殊，其特殊之处如下。

一是数据的保密性，即里面存储的数据只要是写进去了就不能改动。

二是数据的透明性，即里面存储的数据是谁都可以看得到，看得真切，看得完全。

三是数据的独家性，即里面存储的数据都是独一无二的，绝对不能重合。

四是区块大小均匀，即每个区块的"个头"都差不多，有限定的尺寸，绝不能超标。目前，区块大小的限制是 1 MB，未来有望扩容到 2 MB。

区块的四个特点即为区块的本质，是区块有别于其他存储方式的根本。

二、区块的延续发展——区块链

若是将区块的概念放入区块链中，就是数据以电子记录的形式被永久存储下来，区块是存放这些电子记录的文件。同时，区块是按时间顺序一个一个先后生成的，每一个区块记录下它在被创建期间发生的所有价值交换活动，所有区块汇总起来形成一个记录合集。但区块是如何构成区块链的呢？这就不得不提到区块结构。区块结构是组成区块链的基础构造，所有区块汇总中，就包含了区块结构，区块中会记录下区块生成时间段内的交易数据，区块主体实际上就是交易信息的合集。每一种区块链的结构设计可能不完全相同，但大结构上都可以分为块头（header）和块身（body）两部分。

块头用于链接到前面的块并且为区块链数据库提供完整性的保证。块身包含了经过验证的、块创建过程中发生的价值交换的所有记录。这种区块结构有两个非常重要的特点：第一个特点，每一个区块上记录的交易是上一个区块形成之后，该区块被创建前发生的所有价值交换活动，这个特点保证了数据库的完整性。第二个特点，在绝大多数情况下，且新区块完成后被加入区块链的最后，则此区块的数据记录就再也不能改变或删除，正是这个特点保证了数据库的严谨性，即无法被篡改。

所以，区块链就是区块以链的方式组合在一起，以这种方式形成的数据库叫作区块链数据库，也就是说，区块链是系统内所有节点共享的交易数据库，这些节点基于价值交换协议参与到区块链的网络中来。

因为每一个区块的块头都包含了前一个区块的交易信息压缩值，这就使得从创世块（第一个区块）到当前区块连接在一起形成了一条长链。但是，如果不知道前一区块的"交易缩影"值，就没有办法生成当前区块，因此每个区块必定按时间顺序跟随在前一个区块之后。正是这种所有区块包含前一个区块引用的结构让现存的区块集合形成了一条数据长链。

"区块＋链"的结构为我们提供了一个数据库的完整历史，从第一个区块开始，到最新产生的区块为止，区块链上存储了系统全部的历史数据。区块链为我们提供了数据库内每一笔数据的查找功能。区块链上的每一条交易数据，都可以通过"区块链"的结构追本溯源，一笔一笔进行验证。由此，区块就以链的方式，形成了区块链。

三、静态区块链技术，略有变化的数据库

前面我们了解了什么是区块链，区块链就是给区块加上链，利用数据短链把一个个的区块连接起来，形成一个完整的链状数据存储结构。也就像是用铁链穿起来的一串小盒子，以链的方式连起各个表构成的数据库。

（一）数据库的特点

同样，这个区块链，也就是小盒子串或者数据库，有着非同寻常之处，具体如下。

1. 长幼有序

区块链上的每个区块都是按照时间顺序，有着从小到大的编号。对于比特币的区块链来说，就是从 0（以前是 1）开始，一个数一个数地增加。

2. 先到先得

适合用来串链的链条有很多，但是，一旦某一个适合的链条被人选中之后，其他合适的链条就都不可以再用了，最先被选中的这根链条也就变成了唯一的了。

3. 越长越长

随着时间的流逝，区块链的区块大体上匀速增加，区块链会越长越长，也就是说，区块链是系统内所有节点共享的交易数据库，这些节点基于价值交换协议参与到区块链的网络中来。

（二）区块链数据库与传统数据库的区别

传统数据库使用客户端——服务器网络架。

数据库的控制权保留在获得指定授权的机构处，它们会在用户试图接入数据库前对其身份进行验证。由于授权机构对数据库的管理负责，如果授权机构的安全性受到损害，则数据面临被修改、甚至被删除的风险。同时，在传统数据库中，客户可以对数据执行四种操作：创建、读取、更新和删除（统称为 CRUD 命令）。

而区块链数据库由数个分散的节点组成。区块链数据库中的每一个节点都会参与数据管理，所有节点都会验证新加入区块链的内容，并将新数据写入数据库。

对于加入区块链的新内容，大多数节点必须达成一致才能成功写入，正是采用了这种共识机制，保证了网络安全，让篡改内容变得非常困难。区块链技术区别于传统数据库技术的一大特点就是其具备公开可验证性，这是通过完整性与透明度来实现的。

1. 完整性

每个用户都可以得到这样的保证——他们所检索的数据自被记录的那一刻起不会遭到损坏或改写。

2. 透明度

每个用户都可以获知并验证区块链内容是如何随着时间推移而变化的。

与传统数据库用户对数据执行的操作不同，区块链只能增加，用户只能以附加块的形式添加数据，所有先前的数据被永久存储，无法更改。

交易验证：用区块链查询和获取数据。

新交易写入：向区块链添加更多数据。

区块链具备交易验证和新交易写入这两个功能。

交易验证是一种改变区块链上数据状态的操作，区块链上之前的条目永远保持不变，而新交易写入可以改变之前条目中数据的状态。例如，如果区块链记录某个人的比特币钱包中有 100 万比特币，该数字永久存储在区块链中，当花费 20 万比特币时，该交易也被记录在区块链上，即余额为 80 万比特币。

但是，由于区块链只能不断加长，数据不能删除，因此这次交易之前的余额 100 万比特币仍然永久保存在区块链上。这就是为什么区块链通常指不可更改的分布式账本。到目前为止，我们所说的只是静态的区块链，静态的区块链只能说是一种略有变化的数据库，一本特殊点的流水账本。

四、动态区块链技术——神奇的账本

谈到动态区块链技术，笔者先给大家讲一个自编的股票交易故事。

在某证券业非常发达的国家，有一只非常非常火的股票——度百股票，每天上千万股的度百股票通过交易中介，被成千上万个交易者买卖着，当然也有大量的度百股票被一些投资者持有着。

正是因为这些交易中介、个人交易者、持有者分别记录股票的信息，也就是都持有一本自己用的、关于度百股票的账本，于是在全国就有成千上万本各式各样的、内容迥异的关于度百股票的账本。由于在记账时时常会发生各种各样、有意无意的失误，经常是纷争不断。某一天，所有人一起突发奇想，决定将所有关于度百股票的账本全部集中起来，一本不落，合订成一个账。

恰巧，市场上新出现了一种神奇账本，任何文字一写到这个账本上就无法进行任何更改。有了这种神奇账本，就好比有了一个全国统一的大账本，大家就将原来的各式各样的小账本全部烧掉。随后，给所有的相关人员人手发放一份用同一批次神奇账本做的新账本。同时约定，每个人都保管一个新的账本，账本上今后任何内容的添加都必须预先得到大多数账本持有者的检查和同意才行。从此以后，天下太平，其乐融融。后来，大家又一致同意将度百股票更名为度百币。

五、区块链的分类与应用

区块链可以划分成公有链、联盟链、私有链与侧链。了解了略有变化的数据库和神奇的账本之后，现在我们来了解一下区块链的划分与应用。

（一）区块链的分类

区块链可以进行分类，以参与方分类可以分为公有链、联盟链和私有链。从链与链的关系来分，可以分为主链和侧链。

1. 公有链（Public Blockchain）

公有链通常也称为非许可链（Permissionless Blockchain），无官方组织及管理机构，无中心服务器，参与的节点按照系统规格自由接入网络、不受控制，节点间基于共识机制开展工作。

公有链是真正意义上的完全去中心化的区块链，它通过密码学保证交易不可篡改，同时也利用密码学验证以及经济上的激励，在互为陌生的网络环境中建立共识，从而形成去中心化的信用机制。

2. 联盟链（Consortium Blockchain）

联盟链是一种需要注册许可的区块链，这种区块链也称为许可链（Permissioned Blockchain），联盟链是有限制的。

联盟链中的网络接入一般通过成员机构的网关节点接入，共识过程由预先选好的节点控制，整个网络是成员一起维护的。

同时，区块链上的读写权限、参与记账权限按联盟规则来制定，也就是说，联盟链仅限于联盟成员参与。因为联盟链的性质，联盟链一般不采用工作量证明的挖矿机制，而是多采用权益证明（PoS）或 PBFT、RAFT 等共识算法。

3. 私有链（Private Blockchain）

私有链建立在某个企业内部，系统的运作规则根据企业要求进行设定。私有链的价值主要是提供安全、可追溯、不可篡改、自动执行的运算平台，可以同时防范来自内部和外部对数据的安全攻击，这在传统的系统上是很难做到的。

4. 侧链（Side Chain）

侧链是用于确认来自其他区块链的数据的区块链，通过双向挂钩（Twoway Peg）机制使比特币、Ripple 币等多种资产在不同区块链上以一定的汇率实现转移。

以比特币为例，侧链的运作机制是将比特币暂时锁定在比特币区块链上，同时将辅助区块链上的等值数字货币解锁；当辅助区块链上的数字货币被锁定时，原先的比特币就被解锁。

（二）公有链、联盟链、私有链与侧链的区别

在区块链领域经常出现的公有链、联盟链、私有链、侧链，这些区块链有着各自的特点和不同应用场景。

公有链：适用于虚拟货币、面向大众的电子商务、互联网金融等 B2C、C2C 或 C2B 等应用场景。比特币和以太坊等就是典型的公有链。

联盟链：适用于机构间的交易、结算或清算等 B2B 场景。

私有链：私有链的应用场景一般是企业内部以及政府部门之间。

侧链：适用于股票、债券、金融衍生品等在内的多种资产类型，以及小微支付、安全处理机制、真实世界财产注册等。

1. 公有链

公有链适用于虚拟货币、面向大众的电子商务、互联网金融等 B2C、C2C 或 C2B 等应用场景。公有链可以对所有人开放，任何人都可以参与，是因为公有链的三个特点：保护用户免受开发者的影响；访问门槛低；所有数据默认公开。

首先是保护用户免受开发者的影响：在公有链中程序开发者无权干涉用户，所以区块链可以保护使用他们开发的程序的用户。

其次是访问门槛低：任何拥有足够技术能力的人都可以访问，也就是说，只要有一台能够联网的计算机就能够满足访问的条件。

最后是所有数据默认公开：所有关联的参与者都隐藏自己的真实身份，这种现象十分的普遍。公有链通过数据公开的公有性来保护数据安全性，在这里每个参与者可

以看到所有的账户余额和其所有的交易活动。

2. 联盟链

联盟链适用于机构间的交易、结算或清算等 B2B 场景，这是基于联盟链对特定的组织团体开放的特点。

3. 私有链

私有链能够对单独的个人或实体开放，私有链的应用场景一般是企业内部的应用，如数据库管理、审计等；在政府行业也会有一些应用，比如政府的预算和执行，或者政府的行业统计数据，这主要是因为私有链的四个特点——交易速度非常快；能够给隐私提供更好的保障；较低的交易成本，甚至为零；有助于保护其基本的产品不被破坏。

交易速度非常快：相比较其他的区块链，私有链的交易速度非常快，甚至接近了并不是一个区块链的常规数据库的速度。速度之所以很快，是因为就算少量的节点也都具有很高的信任度，并不需要每个节点都来验证一个交易。

能够给隐私提供更好的保障：私有链的安全保障较为完善，私有链数据隐私政策，使得数据好像在另一个数据库中似的，不会被任何拥有网络连接的人获得。

较低的交易成本，甚至为零：在私有链上可以进行完全免费或者说是非常廉价的交易，比如一个实体机构控制和处理所有的交易，那么，他们就不再需要为工作而收取费用。

有助于保护其基本的产品不被破坏：正是这一点使得银行等金融机构能在目前的环境中欣然接受私有链，银行和政府在看管他们的产品上拥有既得利益，用于跨国贸易的国家法定货币仍然有很强的参与性。

4. 侧链

侧链之所以能够适用于包括股票、债券、金融衍生品等在内的多种资产类型以及小微支付、智能合约、安全处理机制、真实世界财产注册等方面，是因为侧链进一步扩展了区块链技术的应用范围和创新空间，侧链区块链支持包括股票、债券、金融衍生品等在内的多种资产类型，以及小微支付、智能合约、安全处理机制、真实世界财产注册等。

（三）区块链的应用层面

1. 区块链 1.0：可编程货币

区块链 1.0 时代，主要是和现金有关，包含例如货币转移、汇兑和支付系统等，最为我们熟知的就是以比特币为代表的可编程货币。

在区块链领域内，与货币和支付有关的区块链应用统称为 1.0 应用。在区块链 1.0 中，区块链上记录的是数字货币本身，而这些数字货币以区块链为母体，因此可以将这些数字货币称作原生资产。

在区块链上，原生资产的财产本体和权利证明是合二为一的。拥有对应的私钥，就拥有了对应账户下数字货币的绝对支配权，而无须任何第三方（如银行）的确认或协助。

2. 区块链 2.0：可编程金融

区块链 2.0 对应的是智能合约，主要应用在经济、市场、金融等领域，但其可延伸范围比简单的现金转移要宽广，可延伸到诸如股票、债券、期货、贷款、按揭、产权等实体的本体财产。

而区块链上登记的只是实体世界财产权利的一种映射，拥有对应的私钥，只能保证映射资产在区块链上的支配权，而在实体里真正行使权利时，往往都需要第三方的介入和配合。

但区块链 2.0 通过智能合约颠覆了传统货币和支付的概念，基于区块链 2.0 思想，在实体金融市场上运作的相关的资产交易，通过合约都可以在区块链上得以实现。

3. 区块链 3.0：可编程社会

区块链 3.0 对应的是超越货币、金融、市场以外的应用，也就是说区块链 3.0 主要研究区块链在非金融领域中的价值。

传统中心化的体制和社会运行体系，让社会的发展及信用背书局限在一定机构、国家内传递，这一局限性导致在全球活动中，信用和共识问题日益突出。

而区块链 3.0 时代，通过纯数学方法建立信任关系，这一机制使得区块链系统中的参与者在不需要了解对方基本信息的情况下，就可进行可信任、安全的价值交换，实现了平行社会中"不信任参与者，但信任结果"的信任和共识问题。

第二章　供应链设计发展研究

第一节　常见供应链结构模型

如何设计供应链的运行机制、如何选择供应链节点，是供应链成功运行的基础。

供应链的组成不是一成不变的，但供应链上各成员间也不是松散的、可随意改变的关系。供应链企业的相对稳定性对供应链的运行有着良好的推动作用，这也是供应链管理思想与传统企业与企业之间关系的不同之处。所以供应链模式的构建是一个重要问题，需要有足够的重视。

一、常见的供应链结构模型

（一）模型I：链状模型I

1. 概述

图 2-1 是假设的一个简化、线性供应链。从模型可清楚地看出产品的最初来源是自然界，如矿山、油田等，最终去向是用户。产品因用户需求而生产，最终为用户所消费。产品从自然界到用户需经历供应商、制造商、零售商等传递环节，并在传递过程中完成产品的加工、组配等转换过程。被用户消费的产品最终仍回到自然界，完成物质循环。

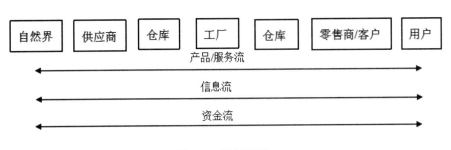

图 2-1　链状模型 I

图 2-1 所示是一个简化的模型，现实生活中的供应链通常要比它复杂，因为它们可能是非线性的或者有更多的参与者，这些参与者可能是国内的，也可能是国外的。

此外，一些公司可能同时是几个供应链的组成部分。但通过此模型可帮助我们了解供应链的基本原理。从图中可以看出，供应链是一个扩展的企业，它跨越了企业的界限，覆盖了供应链中所有与物流相关的企业。这种被扩展的企业试图完成产品及服务、信息、资金（尤其是现金）的协调和双向流动，见图2-1下面画出的三条双向箭头线。企业的整合意味着为了满足最终用户的需求，供应链需要像一个企业那样运作。

2. 产品/服务流

产品和相关服务流是物流研究的重点，也是供应链管理的重要部分。用户总是希望他们的订单能够以及时、可靠、经济的方式履行，物流是满足这一要求的关键。图2-1同时也表明，当今社会中的产品流是双向的。随着经济的发展，由于客户不满意或商品损坏等原因而造成的逆向物流系统的构建显得愈为重要。

3. 信息流

图2-1中的第二种流是信息流，它已经成为影响供应链管理能否成功的重要因素。习惯上，我们认为信息流是与产品流呈反向流动的，即初始需求或销售数据从市场/消费者开始流向批发商、生产商和供应商。供应链管理的一个重要环节就是实时基础上的销售信息共享，这种共享可以减少不确定性和安全库存。在某种意义上，供应链以时间流或信息流的形式被压缩，形成一种存货压缩型的供应链。换句话说，及时、准确的需求信息可以将存货从供应链中消除。

但是，在这里，我们的信息流是双向的。供应链环境中，前向信息流的意义与重要性不断增加。前向信息流有很多形式，如运前通知、订单状态信息、有效存货信息等，这些信息的流动可以减少订单履行的不确定性，同时有助于降低存货水平和改善补货时间。及时、准确的双向信息流的结合降低了供应链的成本，改善了供应链的有效性和消费者服务水平。

4. 资金流

第三种也是最后一种是资金流，更准确地说是现金流，被认为是单向且向后流动的，即为商品、服务或接收的订单付款。供应链压缩和缩短订单周期的主要影响是加快了资金流转。用户接受订单会更快，付款更快，从而公司收款也更快。加快的资金流转已成为许多公司的财源，如戴尔计算机公司。1997年第四季度，戴尔公司的存货一年周转50次，大约每周一次，而同行业的康柏公司的存货一年周转10次，大约5周一次。更重要的是，由于他们的订单履行周期是7～10天，通常在向供应商付款前就收到货款，这实际上是负的现金流。因此，戴尔已成为供应链压缩和加快资金周转的主要受益者。

（二）模型：链状模型Ⅱ

模型Ⅱ只是一个简单的静态模型，仅表明供应链的基本组成和轮廓，如图2-2所示。

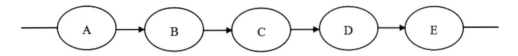

图2-2　链状模型Ⅱ

模型Ⅱ是对模型Ⅰ的进一步抽象，它把商家抽象成一个个的点，称为节点，在这里用字母表示。节点以一定的方式和顺序联结成一串，就构成了一条如图2-2上的供应链。模型Ⅰ中，并未标明供应商或制造商等商家位置，因此其位置很灵活。若假定C为制造商，则B为供应商，D为分销商；同样地，若假定B为制造商，则A为供应商，C为分销……其他依次类推。在模型Ⅰ中，产品的最初来源自然界、最终去向用户，及产品的物质循环过程都被隐含抽象掉了。模型Ⅱ着重于供应链中间过程的研究。

1.供应链的方向

供应链上存在着物流（产品流）、信息流和资金流。物流的方向虽然是双向的，但一般情况下都是从供应商流向制造商，再流向分销商，最后流向客户，特殊情况下（如产品退货），物流在供应链上的流向才与上述方向相反。但这种情况毕竟是少数，供应链中物流的方向主要还是从供应商到制造商到客户，我们就依照这个方向来定义供应链的方向，以确定供应商、制造商和分销商之间的顺序关系。模型Ⅰ中的箭头方向即表示供应链的方向。

2.供应链的级

模型中，当定义C为制造商时，可相应地定义B为一级供应商，A为二级供应商，依次类推可定义三级供应商、四级供应……同样地，当定义D为一级分销商时，可定义E为二级分销商，依次定义三级分销商、四级分销商……

（三）模型网状模型Ⅲ

模型Ⅱ是简化、抽象后的供应链模型，通过此模型可帮助我们理解供应链的基本原理，但现实中的供应链远比此模型复杂。事实上，在模型Ⅰ中，C的供应商可能不止一家，而是有B_1、B_2、…、B_n家，分销商也可能有D_1、D_1、…、D_n家。

依次类推，C可能也有C_1、C_2、…、C_n家，这样模型Ⅰ就转变为一个网状模型，即供应链的模型Ⅲ，如图2-3所示。

模型M更能说明现实生活中产品的复杂供应关系。理论上，网状模型可以涵盖世界上所有企业，把所有企业都看做是网上的一个节点，这些节点间存在着联系。当然，这些联系有强有弱，而且会不断地变化。而从一个企业来说，它仅与有限个企业相联系。

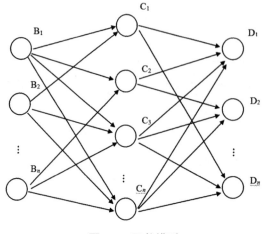

图 2-3　网状模型

1. 入点和出点

在网状模型中，物流从一个节点流向另一个节点，从某些节点补充流入，从某些节点分流流出。我们把物流流入的节点称为入点，流出的节点称为出点。入点相当于矿山、油田等原始材料提供商，出点相当于用户。图 2-4 中 A 为入点，H 为出点。有的企业既为入点又为出点，为分析方便，可将代表这个企业的节点一分为二，变成两个节点：一个为入点，一个为出点。如图 2-5 所示，A 为入点，A2 为出点。同样地，有的企业对于另一企业既为供应商又为分销商，也可将此企业一分为二，甚至一分为三或更多，变成两个、三个或更多个节点，分别代表供应商、分销商。如图 2-6 所示，B 是 C 的供应商，B2 是 C 的分销商。

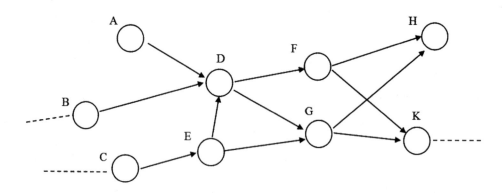

图 2-4　入点和出点

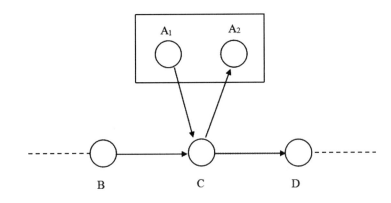

图 2-5 包含入点和出点的企业

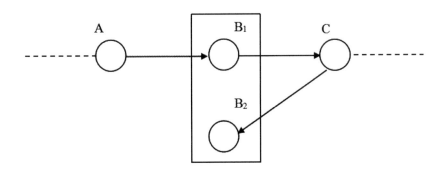

图 2-6 包含供应商和分销商的企业

2. 子网

有些企业规模非常大,内部结构也很复杂,与其他企业相联系的只是其中一个或几个部门,而且其内部也存在着产品供应关系,用一个节点很难表示这些复杂关系。因此,可将表示这个企业的节点分解成许多相互联系的小节点,这些小节点构成一个网,称为子网,如图 2-7 所示。

引入子网的概念,可简化研究,把传统的企业和企业之间的联系改为不同企业间部门和部门的联系,使企业间的联系更紧密、更直接。如图 2-7 所示,当研究 C 与 D 的联系时,只需考虑 C 与 D 的关系,而不需考虑整个企业 C,这就省略了很多无谓的研究,使研究简化。

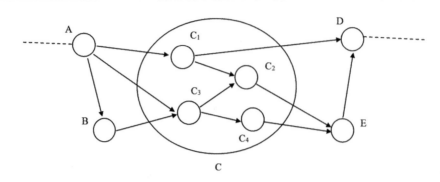

图 2-7　子网模型

3.虚拟企业

借助于以上对子网模型的描述，可引入虚拟企业的概念。为了实现某一共同目标，从供应链上有条件地选取一些厂家，以最佳的动态组合方式组成一种比较紧密的供应、生产、销售的合作关系，并实现各自利益。我们可把这样一些具有共同目标、通力合作的厂家形象地看成是一个厂家，即虚拟企业。

组成虚拟企业的节点用虚线框起来。

基于供应链的虚拟企业根据市场机遇的变化不断地重组和优化，它随任务的出现而形成、随任务的终结而消失，这种动态虚拟性保证了供应链的形式灵活、构造快捷和迅速响应市场。

二、全球供应链结构的特性

（一）层次性

从组织边界的角度看，虽然供应链上各实体都是供应链的成员，但是它们可以通过不同的组织边界体现出来，供应链的每个业务流程都是跨组织边界的，这反映了多层业务实体相互依存与合作的特性。

（二）双向性

从横向看，使用某一共同资源（如原材料、半成品或成品）的实体之间既相互竞争又相互合作。从纵向看，供应链结构反映从原材料供应商到制造商、分销商及顾客的物流、信息流和资金流的全过程。

（三）多级性

随着供应、生产和销售关系的复杂化，供应链的成员越来越多。如果把供应链中相邻两个业务实体之间的关系看做供应—购买关系，则这种关系是多级的，而且涉及的供应商和购买商也有多个。供应链的多级结构增加了供应链管理的难度，但有利于供应链的优化与组合。

（四）动态性

供应链的成员通过物流、信息流、资金流联结起来，它们之间的关系是不确定的，某一成员在业务上的微小调整都会引起供应链整体结构的变动。同时，供应链各成员之间、供应链与供应链之间的关系也会由于顾客需求的变化而做出适应性的调整。

（五）全球性

供应链中的业务实体超越了空间的限制，在业务上更紧密地合作，共同加速物流和信息流，创造更多的供应链效益。最终，世界各地的供应商、制造商和分销商将被联结成一体，形成全球供应链（Global Supply Chain，GSC）。

（六）网络性

网络性实际上是供应链的相互交叉产生的结果。同一个企业往往在不同的供应链中扮演着不同的角色。以摩托罗拉公司为例，它既是移动电话、民用卫星和高精尖军用设备等多条供应链上的重要供应商和采购商，同是也是为它服务的人力资源企业、销售服务企业等供应链上的重要客户。这种复杂关系带来了供应链在管理上的难度，但由于企业在多个链条上同时拥有位置，也给它提供了进行动态调整的便利，因为网络中的"联结线路"是随着节点的增加而呈指数形式增长的。

（七）开放性

开放性体现在两个方面。

一是理念上。首先，参与供应链的企业要敢于向自己的合作伙伴开放内部运作，敢于向它们授权，这是供应链企业紧密合作的客观要求。其次，在新经济时代，技术变迁的不确定性和巨额的开发成本，使得任何一个企业都不可能解决所有的问题，即使是竞争对手之间，由于各有所长，也会存在共同的利益，从而带来合作的可能。从现实生活来看，由竞争走向"竞合"已成为不可抗拒的历史潮流。例如，日立和IBM在计算机主机市场上一直是两大竞争对手，但现在却成了合作伙伴。日立买进IBM的主机CMOS处理芯片，并制造IBM结构的主机（经IBM许可），然后打上日立的牌子销售。

二是技术上。这一点主要体现在供应链企业之间的网络互联上。最为典型的就是思科公司。思科公司的外部供应商可通过思科的内部网，对客户订单的完成情况进行直接监控，并在同一天的晚些时候将组装完毕的硬件送至客户手中。

第二节 产品供应链设计

一、推式供应链

推式供应链中生产先于需求，处于供应链中的节点企业通过对历史数据的预测进行生产及存储决策。传统的供应链运作模式基本上采用了推动方式。但信息技术的发展促使推式供应链不断演化，使推式供应链有了新的内涵。

（一）传统模式下的推式供应链

在传统模式下，供应链中的节点企业对市场的预测是基于下游企业的订单，"订单"是供应链中传递的唯一信息。信息的反馈也同样体现在"订单"上。顾客的实际需求将以"订单"的方式逐级反馈到供应链的各环节。

由于"订单"是节点企业得到的唯一信息，而"订单"的传递是逐级传递的，因此，容易造成信息传递的延迟，降低整个供应链提供产品的速度；

由于每一节点企业的生产与库存决策都是在对其下游企业的需求进行预测的基础上进行的，而不是对最终客户需求进行预测，因此，随着信息往供应链上游前进，"信息扭曲"越来越明显，需求变动的程度越来越大，造成所谓的"牛鞭效应"；

需求波动的逐级放大，最终导致资源浪费、利用率低下、库存增多等一系列问题。

（二）信息时代的推式供应链

竞争的加剧、市场不确定性的增加、顾客期望值提高等因素促使供应链不断发展与演进，处于供应链上的各节点企业由过去相对独立的运作转变为以动态联盟的方式进行紧密合作，以便更好地满足顾客的需要，实现整个供应链的高效运作。而信息技术的不断发展则为各企业更紧密的合作提供了经济、技术上的可能，使得供应链上的信息能在各环节得到充分共享。

信息时代的推式供应链有别于传统推式供应链在于以下三个方面。

一是零售商通过 POS 系统采集客户所购商品的历史信息，并将该信息迅速传递到供应链各环节。这样顾客的历史需求信息在供应链各环节都得到了充分共享，零售商、经销商、制造商分别对最终客户的需求进行预测，从而可以有效抑制"牛鞭效应"的产生；

二是信息的充分共享消除了信息传递中的延迟现象，大大提高了整个供应链提供产品的速度；

三是信息共享增强了整个供应链中数据的可得性与透明度，从而可以大幅度减少由于不确定性造成的大量库存。

二、拉式供应链

在拉式供应链中，需求先于生产。其运作是从响应客户订单开始的，在执行时需求是确定并已知的。

拉式供应链体现的是 JIT 理念，在理想的情况下，供应链上的库存为"零"，在实际情况下，库存也很少。因此，在该模式下，库存不是考虑的重点。实现拉式供应链的关键是各节点企业的柔性和交付产品的速度。

三、推一拉式供应链

由于激烈的市场竞争，顾客需求的多样性变化及产品生命周期的缩短，许多企业越来越关注拉式供应链，并向这方面做着不懈的努力。但在实际过程中，由于生产方面的压力，如生产提前期长，成本压力要求利用制造和运输的规模经济，这些压力使企业又不能完全实现拉式供应链。这样就产生了推——拉式供应链。推——拉式供应链体现了延迟差异思想。在产品出现差异化之前（供应链的初级阶段），可采用推式供应链，即按照预测进行生产和运送；而在产品出现差异化后（供应链后期阶段）则采用拉式供应链，即根据市场实际需求做出反应。

第三节　全球供应链设计

设计和运行一个有效的供应链对企业的发展是至关重要的，因为它可以达到成本和服务的有效平衡，可以提高企业竞争力和企业柔性。但是，供应链也可能因为设计不当而导致浪费和失败。对不同的行业、不同的产品，甚至是同一类产品、不同的型号，其供应链模式都可能不同。

一、产品导向的供应链设计策略

费舍尔认为供应链的设计要以产品为中心。供应链设计首先要明白用户对企业产品的需求是什么，同时要了解产品的寿命周期、产品多样性、需求预测、提前期和服务的市场标准等问题，要注意所设计的供应链必须与产品特性相一致，即基于产品的供应链设计策略（Product Based Supply Chain Design，PBSCD）。

（一）产品类型

供应链的主要功能之一就是有效地传递产品，不同的产品对供应链的要求有所不同。尽管有许多企业投入大量时间和资金以期提高供应链能力，但很少有企业认为其供应链业绩高于行业平均水平。因为许多企业没有正式的供应链开发战略，没有采取与产品相适应的供应链策略。研究与实践表明：一旦产品设计定型，则这种产品在其寿命周期内要发生的成本的80%也就确定了。这是因为产品定型后，为完成这种产品的生产工艺、设备、原材料及向用户交付这种产品的供应链渠道就基本确定了，与此相关的费用也就确定了。因此，企业对自身产品的分析和判断是其建立和完善供应链的前提，不同类型的产品需要的供应链系统不同且相差极大，因此需要不同的供应链策略。

一般来说，产品可分为两大类：功能型产品和创新型产品。

功能型产品一般用于满足用户的基本需求，变化很少，具有稳定的、可预测的需求和较长的寿命周期，但它们的稳定性和可预测性并没有形成差异性竞争，其边际利润较低，竞争激烈。为了避免低边际利润，很多企业开始在产品式样上或技术上进行革新，以寻求消费者的购买，从而获得高的边际利润，星巴克咖啡公司是一个很好的例子。它提供传统的功能型产品——咖啡，但它却尝试引进经营者的情趣和创新的观点，把单纯的咖啡变成一种时尚的消费产品。

另外，虽然创新型产品可以使一个企业获得高的边际利润，但其市场风险造成其需求不可预测。此外，它们的生命周期很短，经常只有几个月。因为仿造者经常会掠夺创新型产品所应享有的竞争优势，企业不得不持续进行革新。生命周期变短和产品种类的繁多加剧了生产的不可预测性。

（二）不同产品的供应链策略

为了明确区别供应链的类型，可将企业的供应链分成两个截然不同的功能：实质功能和市场功能。

供应链的实质功能很明显，包含了将原材料、零部件、组装件转换成成品的整个过程，并将它们从供应链的一点传送到供应链的下一点。市场功能的目的是确保到达市场的不同种类的产品都能符合消费者需求，虽然不像实质功能那样显而易见，但同样重要。

两个不同的功能包含了不同的成本，实质成本包括生产、运输、存货的储存成本。市场成本上升则反映在当供应超过需求时，产品削价竞争，或当供给不足时，丧失销售机会，导致无法满足消费者需求。

生产功能型产品的公司最重要的目标是降低实质成本，所以功能型产品通常具有价格敏感性。为了成本最小化，公司通常会制定下个月的物料备货需求，制定时间表。选择适当的 MRP（物料资源规划）系统，可使从订单到生产之间重要的信息串联，经由可预测的市场需求，进而达到库存成本的最小化、生产效率最佳化，这种方法对创新型产品则不适合。对于创新产品的需求，市场不确定性增加了缺货或供给过量的风险；短的生命周期增加了过时或过度供给的风险。因而，对这类产品而言，市场成本有着决定性的作用，应该成为经营者考虑的重点。总的来说，对应于功能型产品和创新型产品，可分别采取有效供应链和快速反应供应链策略。

如某创新型产品边际贡献率为 50%，脱销率为 30%，则边际利润损失为 50%×30%=15%，对此种产品就需要高度柔性灵活的供应链，以对多变的市场做出快速反应，有必要投资改善供应链的市场反应能力，此时供应链管理的重点在于通过供应链创造价值。例如，在消费点生产。为即时反应和交付，将产品的完成置于靠近顾客的位置，可产生奇佳的供应链效果。工厂批量生产"大路货"半成品，然后将其运往靠近顾客的仓库或工厂，在那里，根据顾客订货的特殊要求完成最终产品。这样可减少成品库存总量，降低生产成本。由于只有接到用户订货后才生产产品，又是立即交付，因而制成品库存时间很短。而且，顾客得到了快速反应，订货满足率有可能大幅度提高。如康柏公司决定继续自己生产一些多变种短生命周期的产品，而不外包给其他低成本工厂，原因就在于希望以此增加柔性和缩短提前期。日本全球公司将其基本类型产品放在低成本的中国工厂生产，而将流行类型产品放在日本生产，对流行时尚快速反应足以抵消高劳动力成本带来的不利影响。VF 公司（服装公司）应用 CAD、CAM，将原始新产品销售经验迅速通过 CAD 应用进行产品再设计，利用电子传输至敏捷 CAM 制造厂，同时，快捷的空运迅速将正确数量的正确产品运至零售商。总之，供应链创新提高了销售旺季的销售量并降低了过时服装打折出售的损失。

对于功能型产品来说，如果边际贡献率为 10%，脱销率为 2%，则边际利润损失仅为 0.2%，对此为改善市场反应能力而投入巨资是得不偿失的。供应链管理的重点在于通过供应链的优化降低成本。如宝洁公司的许多产品属于功能型产品，其采取了供应商管理库存系统和天天低价的供应链策略，使库存维持在较低水平，降低了成本，公司和顾客都从中受益。吉列公司在其刀片生意中使用了押后制造，其刀片照常在它的两座高科技工厂里生产，但包装作业却转移到了区域配送中心，其包装类似于制造作业的装配线，先是印制消费包装，然后装进刀片，完全根据订单来进行。这使其标签特性完全根据零售商的要求来确定。另外，每件包装的刀片数量恰好是零售商所要求的，避免了包装过剩带来的浪费。公司预计当押后制造完全实施后，可缩减 50% 的库存。

（三）产品生命周期的供应链策略

对一种产品，特别是功能型产品来说，从其产品投放市场到过时淘汰，一般都要经历几个典型的生命周期，在产品生命周期的各个阶段，产品都有其明显特征，对供应链的要求有所不同。因此，同一产品在生命周期的不同阶段，其供应链设计策略也不尽相同。在产品的投入阶段，产品需求非常不稳定，边际收益较高。由于需要及时占领市场，产品的供给能力非常重要，相对而言成本是一个次要考虑因素。因此，这一阶段供应链的策略是一种反应型供应链，也就是要对不稳定的需求做出快速反应。

在成长阶段，产品销售迅速增长，与此同时新的竞争者开始进入市场，企业所面临的一个主要问题是需要最大限度地占有市场份额。因此，在这一阶段，供应链策略需要逐步从反应型供应链转变为赢利性供应链，即需要开始降低成本，以较低的成本来满足需求。

成熟阶段中，产品的销售增长放慢，需求变得更加确定，市场上竞争对手增多并且竞争日益激烈，价格成为左右顾客购买的一个重要因素。因此，在成熟阶段，企业需要建立赢利性供应链策略，即在维持可接受服务水平的同时，使成本最小化。

大多数的产品和品牌销售都会衰退，并可能最终退出市场。在衰退阶段，销售额下降，产品利润也会降低。在这一阶段，企业需要评估形势并对供应链战略进行调整。企业需要对产品进行评估以确定是退出市场，还是继续经营。如果决定继续经营，就需要对供应链进行调整甚至重构以适应市场变化。在保证一定服务水平的前提下，不断降低供应链总成本。

二、基于成本的供应链设计策略

通过成本的核算和优化来选择供应链的节点，找出最佳的节点企业组合，设计出低成本的供应链，从而形成基于成本的供应链设计策略。该策略的核心是，在给定的一个时间周期内，计算所有节点组合的供应链总成本，从中选择最低成本的节点企业组合，构建供应链。

能够使总成本最低的节点企业组合，就是最优的节点组合。由这些企业组成的供应链将达到成本最小化的目的。

三、客户导向型供应链设计策略

一般的供应链往往拘泥于始于供应商、终于消费者的供应链管理模式。它将管理的重心放在如何降低成本、减少库存、协调生产、敏捷响应等环节上，虽然确实取得了良好的效果，但在其运作过程中始终存在一些问题，究其原因大多出在供应链结构和运作模式上，整个供应链仅仅依赖于客户的需求拉动这一被动的方式，虽然在一定程度上体现了以客户为导向的特征，满足了个性化的需求，但却无法克服由于信息流、物流、资金流等在时空上的阻隔所产生的滞后效应。由于在供应链上，客户总是处于末端，而在供应链管理的现实中，却需要将客户的需求放在最前端，处于最先考虑的地位。因此，这种供应链往往难以真正实现理想的降低库存、提高效益、敏捷供应的目标。解决这些问题比较可行的方案是建立客户导向型的供应链及其管理体系。外在客户导向型供应链管理模式中，客户始终处于整个供应链的中心地位，供应链的所有成员必须重视客户的实际需求。Internet 的普及和电子商务的应用为实现这一目标创造了条件，整个供应链成员可以通过互联网获取客户的需求信息，分析其特征和行为，并相互传递，实现成员间的资源共享。这不仅消除了传统供应链面临的滞后效应，而且便于统一各成员对市场的理解和认识，以协调全体成员的行动，实现供应链管理的一体化，提高供应链的运作效率，创造出新的竞争优势。

对供应链中的所有成员来说，一个企业既是它的上游企业的客户，又是它的下游企业的供应商。因此，在整个供应链内部也存在着一系列的客户导向问题。客户导向型供应链管理模式是基于价值增值和客户满意的管理思想的体现。而业务流程是创造客户价值与实现客户满意的关键所在，没有合理的流程，供应链的各个环节将无法衔接并协调工作。因此，进行客户导向型供应链设计时必须重视业务流程问题，通过流程管理带动整个供应链中信息流、资金流和物流的良性运作以及供应链中的价值增值活动，创造和提高客户价值，降低其价值成本，达到客户价值最大化的目标。进行客户导向型供应链设计时应注意以下几个问题。

（一）实现各成员企业之间的信息共享

首先，通过各成员企业的营销策略和信息技术掌握外部客户（最终客户）确切的需求信息，并及时传达给整个供应链，使供应链上各项作业达到与客户需求同步的效果。在瞬息万变的市场环境下，实现这一点非常重要。其次，将供应链中各企业的生产、库存等精确信息与前端各环节联系起来，使处于此位置上的营销人员及时了解不断更新的库存和产品的各项数据，并据此在第一时间里向客户提供准确的信息，使营销活动建立在可靠的基础上。最后，通过供应链中各环节运作信息的集成，使各业务流程协调一致，同时还可起到监测整个供应链的作用，及时发现需求的变化，及时安排和调整作业计划。

（二）实现客户与供应链之间信息的交互

企业一方面通过快速提供优质的产品和周到的服务来吸引和保持客户；另一方面，在客户导向型供应链管理模式中，最重要的是要将客户与供应链连接起来，全面维系与客户之间的各种关系。这些关系的管理不只局限于企业现有的客户，还应包括在市场推广中遇到的潜在客户，以及企业经营过程中各种关系的管理。在信息时代的今天，除传统的手段外，通过 Web 网、呼叫中心等方式与客户进行及时的交流与沟通，实施信息化的全面管理，是非常有效和不可缺少的，它将显著提高企业的营销能力，降低管理成本，控制营销过程中可能导致客户抱怨的各种行为。

（三）提高供应链中各业务流程的自动化程度

不同业务流程自动化的内容是不同的，对生产、运输等环节主要是各种新技术的运用或新工具的使用，对于管理和营销环节则主要依托计算机及网络等信息化手段，使整个供应链的各个环节始终处于快速响应的最佳匹配状态，以便更高效地运转。

四、基于产品的供应链设计要点

供应链是为终端客户创造价值的各种流程活动所贯穿连接上下游不同企业组织所形成的一个网络。当然供应链管理必须是顾客导向，也就是要重视所谓需求牵引（Demand Pull）的拉式供应链管理。但推式的供应链管理也同样重要。除了极少数的产业可归属于完全按单生产，如订购飞机的纯拉式供应链结构外，绝大多数产业的供应链是由推式与拉式两部分共同组成的。推式供应链在上游，是为"预期"的市场需求，做计划性的采购、库存与制造后续市场可能会需要的成品或半成品。拉式供应链接在推式供应链下游，在拉式供应链中，所有的活动都是为满足明确的订单来安排。

推与拉式供应链各有其策略优势，"推"的优点不但在于有计划地为一个目标需求量（市场预测）提供平均成本最低、最有效率的产出，而且可以用现货品的实时提供把握商机以创造利润；其缺点是当市场需求不如预期而未能销货时，"推"的越多，货料的风险损失就越大。另外，"拉"的优点在于其可以为顾客提供量身定制的产品与服务；其缺点则在于响应客户需求的成本较高。Chopra 与 Meindl（2001）把推与拉式供应链的策略优势分别称为"效率性"（Eficiencec）与"回应性"（Responsiveness）。很明显这两者具有互补性，是鱼与熊掌不可兼得的。至此，我们可了解没有所谓绝对最优的供应链结构，唯有依据目标市场顾客需求的特性，在"效率性"（产品的价格）与"响应性"（客户化程度）两者之间做策略性的取舍，再来配置整个供应链的推拉布局，为顾客创造最大的价值，为本身供应链营造最大的竞争力与利润。

一般而言，决定供应链"效率"与"响应"策略定位的关键因素在于目标市场需求的不确定性及现货或客户化要求的程度。以量贩店与便利商店销售的日用品为例，顾客对这些产品现货提供的要求极高，再加上这些产品具标准化且生命周期长，要满足这样的市场需求，日用杂货品的供应链基本上可采用推式供应链。推式供应链要达成最低成本的效率目标，经济规模是有利的先决条件。除了标准化的成品外，不同终端成品的共同模块件也较终端成品具备更适合"推"的条件。此外，对市场需求预测的准确度，也是影响供应链成本的重要因素。所以，效率型的推式供应链不但要"推得省"（成本低），更要"推得准"（预测准），这样才能超越同类型的竞争对手。

当产品生命周期短、终端成品的形式复杂、各类型成品市场需求的不确定性较大时，拉式（接单生产）供应链就非常的关键了。拉式供应链缺乏推式供应链的结构性与规律性，难度较大。要做到快速响应，"拉"不可以片面处理，一般都须与"推"一起考虑。这涉及供应链流程的再造，如全球知名的班尼顿服饰改变彩色线衫的制程，由原来先染制不同颜色的线，再编织为不同形式的休闲线衫，改为先以未染色的胚线编织成线衫，然后再整件染成彩色线衫。由于编织比染色的工时长，原来"先染后织"的流程不易快速响应顾客对不同形式终端成品的实时需求。改为"先织后染"的流程后，推拉的分界点就可以配置在"织"与"染"之间，更接近顾客。不同颜色的同款线衫，汇集以"推"式制成胚线的半成品，在接到各门市对特定颜色型号的订单时，再染成成品迅速交单。

总之，推、拉式供应链各有优缺点，不同产业因产品与市场的不同，会有不同形态的供应链，甚至同一公司对不同的产品线也是如此。以亚马逊网络书店为例，其畅销书部分采用提前进货库存，接单即现货配送的推式供应，而对冷门书籍部分，则采用接单后再向出版社订货的拉式供应。另外，产品在新上市的阶段，通常采用推式供应链把现货尽量推近顾客，当产品进入衰退与夕阳期时，供应链就要逐步拉回。就推而言，要推得省，要推得准；就拉而言，要拉得快，要拉得好（让顾客觉得好）。至于如何整合推与拉，追求供应链在效率与响应时间的最佳绩效与组合，大概是供应链管理无止境追求的终极目标了，也是我们进行供应链设计时应注意的问题。

五、基于产品的供应链设计步骤

（一）分析市场竞争环境

分析市场竞争环境的目的在于找到针对哪些产品市场开发供应链才有效，因此必须知道现在的产品需求是什么，产品的类型和特征是什么。分析市场特征的过程要向卖主、用户和竞争者进行调查，提出"用户想要什么"和"他们在市场中的分量有多大"之类的问题，以确认用户的需求和因卖主、用户、竞争者产生的压力。这一步骤的输出是每一产品按重要性排列的市场特征。同时对于市场的不确定性要有分析和评价。

（二）分析产品特征及产品所处生命周期

供应链设计过程中，除了要明白用户对企业产品的需求是什么外，还要了解产品的寿命周期、产品多样性、需求预测、提前期和服务的市场标准等问题，要注意所设计的供应链必须与产品特性相一致。

（三）分析企业现状

主要分析企业供需管理的现状（如果企业已经有供应链管理，则分析供应链的现状），目的不在于评价供应链设计策略的重要性和合适性，而是着重研究供应链开发的方向，分析、寻找、总结企业存在的问题及影响供应链设计的阻力等因素。

（四）供应链设计必要性分析

针对存在的问题提出供应链设计项目，分析其必要性。

（五）提出供应链设计目标

主要目标在于获得高用户服务水平和低库存投资、低单位成本两个目标之间的平衡（这两个目标往往有冲突），同时还应包括以下目标：①进入新市场；②开发新产品；③开发新分销渠道；④改善售后服务水平；⑤提高用户满意程度；⑥降低成本；⑦通过降低库存提高工作效率等。

（六）分析供应链的组成

提出供应链组成的基本框架。供应链中的成员组成分析主要包括制造工厂、设备、工艺和供应商、制造商、分销商、零售商及用户的选择及其定位，以及确定选择与评价的标准。

（七）供应链设计的技术可行性分析

这不仅仅是策略或改善技术的推荐清单，也是开发和实现供应链管理的第一步，它在可行性分析的基础上，结合本企业的实际情况为开发供应链提出技术选择建议和支持。这也是一个决策的过程，如果认为方案可行，就可进行下面的设计；如果不可行，就要进行重设计。

（八）设计和产生新的供应链

主要解决以下问题：①供应链的成员组成（供应商、设备、工厂、分销中心的选择与定位、计划与控制）；②原材料的来源（包括供应商、流量、价格、运输等）；③生产设计（需求预测、生产什么产品、生产能力、供应给哪些分销中心、价格、生产计划、生产作业计划和跟踪控制、库存管理等）；④分销任务与能力设计（产品服务于哪些市场、运输、价格等）；⑤信息管理系统设计；⑥物流管理系统设计；等等。

在供应链设计中，要用到许多工具和技术，包括归纳法、集体问题解决、流程图、模拟和设计软件等。

（九）供应链的检验

供应链设计完成以后，应通过一定的方法、技术进行测试、检验或试运行，如有不行，返回进行重新设计。如果不存在什么问题，就可实施供应链管理了。

六、全球供应链与国内供应链的比较

在全球经济一体化的环境下，企业要参与世界经济范围内的经营与竞争，就必须在世界范围内寻找生存和发展的机会，在全球范围内实现对原材料、零部件和产品的配置，即进行全球供应链的设计和管理。全球供应链往往比国内供应链长得多，也要复杂得多。在全球供应链中，管理人员要面对的某些问题与国内供应链相似，不过这些问题涉及的范围更广、更复杂、更重要，通常都是跨国的国际供应链问题。此外，他们还要面对一些全新的问题和机会。惠普公司的供应链较好地说明了这一点。相对国内供应链而言，全球供应链具有如下特点。

一是国际供应链中的距离和由此产生的时间差要比国内供应链大得多。国内供应链中的某些问题到了国际供应链就变得更加复杂，如协调、物流管理费用及各项费用甚至比在国内供应链中更重要。同样，电子技术、信息和通信等方面的差异也可能使各种全球供应链之间产生更大的差别。

二是涉及跨国市场。存在于国际供应链中的那些共同的跨国市场，既意味着对国内供应链的某些挑战在增大，也意味着国际供应链带来了某些新的挑战和机会。举例来说，许多国际供应链比同样大小的一国市场中的供应链具有更大的复杂性，运输费用和出入境费用的增加，每个国家所需要的不同的配送渠道，等等。

三是需要跨国运营场所。国际供应链中有一些跨国运营场所。这意味着汇率波动、贸易条例和关税都对产品流动有影响，而且不同的语言和文化也会以复杂的方式影响协调工作。关税、汇率变动和不同国家之间的宏观经济差别在国际供应链中很重要，而对国内供应链来说却并不重要。例如20世纪90年代中期，由于汇率变动剧烈，使当时的日本和德国相对美国等国家而言成了许多产品的高成本产地，这足以抵消较高生产率带来的优势。

不同的沟通方式、语言和文化等有可能造成即时协调困难，因而使供应链受到制约。不同国家不同的制造与物流基础设施水平，影响着供应链的运作。在发达国家，制造与物流基础设施非常发达。虽然存在地区间的差异，但这些差异主要体现在地理、政治与历史等方面。例如，不同的国家或地区会在路的宽度、桥的高度、交通规则等上有所不同。而在发展中国家，物流基础设施的发展不尽完善，在物流设施上的投资十分有限。这些不同将最终影响供应链在全球范围内的运作。沃尔玛在巴西的遭遇很好地说明了这一问题。

当然，在包含许多运营场所的国际供应链中也有一些新的机会和问题。例如，得克萨斯仪器公司在得克萨斯和印度的班加罗尔有一些可能正在为解决同一个问题而工作的工程小组。当一个地方的工作日结束时，另一个地方的小组尚在工作。与8小时工作日相比，24小时工作能以快得多的速度得出问题的答案。再如摩托罗拉和惠普两家公司在远东聘用了大量薪金低得多的工程师从事制造工程方面的工作，而且正越来越多地让他们从事复杂的产品开发工作。

四是由于国际供应链在供应、成本、商务等方面比国内供应链更具多样性，所以也许能开拓出较多的机会。

除了传统的"边际要素成本"、资源探索、国际贸易和国际经营的机会外，通过进入国外市场并参与外国商务，还能获得创造收入和进行学习的机会。将具有某种竞争优势的业务在对手赶上来前抢先扩大到新的市场，就有可能建立先入为主的优势。同世界上技术最先进的客户合作，使这个供应商更有可能赶上最先进水平。

总之，国际供应链和国内供应链间存在许多差别，如表2-1所示，这些差别是我们在进行供应链设计时必须加以认识的。

表2-1 国际供应链与国内供应链的比较

国际供应链特点	在国际供应链中更重要的问题	出现在国际供应链中的新问题
较大的空间距离和时间差	运输和协调更重要 订货提前期更长 沟通和旅行更困难 信息和通信技术更重要	语言和文化的差异 汇率、关税、补贴、配额
跨国市场	复杂的供应网络 各跨国市场之间的竞争	不同的法律法规、语言 汇率、政府政策和宏观经济的影响 全球范围的扫描
跨国运营场所	复杂的供应网络	全球范围的扫描 在全球范围内分担工作 汇率

第三章 数字供应链规划系统研究

第一节 数字供应链规划概述

一、什么是供应链网络规划

全球市场的形成促使越来越多的公司通过战略联盟的方式参与竞争。对这种全球范围的供应链网络的管理，必须在战略管理的指导下，制定一套完备、及时更新的全球供应链网络规划。只有好的系统规划才能保证每天运营的有条不紊，才能在追求高顾客满意度的前提下使供应链成本最小化，从而实现整个供应链系统的利润最大化。

供应链网络规划是企业为了实现目标顾客效用最大化，在一定的系统范围内对整个供应链体系建设进行总体的部署。它以企业的发展战略为指导，以供应链系统内的资源和现有的技术经济构成为依据，综合考虑供应链系统的发展潜力和竞争优势，在战略环境、条件分析和需求分析与预测的基础上，整合系统内供应商、制造商、分销商的资源状况，研究确定供应链系统的发展方向、规模和结构，合理配置资源，统筹供应、研发、制造、分销等功能，优化设施位置及能力，使其协同发展，为供应链一体化运作创造有利的环境。企业总体上的竞争战略是制定供应链系统规划的理论基础。供应链规划是对供应链产品需求和这种需求得以满足的可能性进行分析和确定的过程，规划的目的是使企业的战略目标得以实现。供应链网络规划是依据战略管理理论，系统分析供应链环境，提出实施供应链模式可行性方案的复杂系统工程。企业战略管理和系统工程理论是供应链网络系统规划的两大思想基础。

二、供应链网络规划的分类

供应链网络规划以一定时域、一定区域范围内的供应链系统能力与结构布局为研究对象。根据观察和分析对象的角度不同，供应链网络规划可有不同的分类

（一）时间角度的划分

从规划的时间角度划分，供应链网络规划分为长期规划、中期规划和近期规划三

种类型。长期规划决定供应链未来发展的基本要求,这些决策通常与供应链系统设计和结构有关,决策关注对供应链长期发展的影响,如供应链设计等。长期规划的规划时间一般为 3～10 年;中期规划在战略决策的范围内确定出常规运作的框架,尤其是要决定供应链中各种"流"和资源的数量及时间,如对顾客需求的季节性波动的预测等。规划期一般为 6～24 个月;近期规划是把所有工作分解成为可以即刻执行和控制的各项指令。规划期一般在 1 年以内,是供应链时间绩效水平的重要影响因素。

(二)规划层次的划分

从规划层次角度划分,供应链网络规划分为战略规划、战术规划和运营规划三种类型。战略规划是高层管理者从供应链整体角度考虑影响企业长期赢利能力和竞争地位制定的决策,决策内容包括对客户和产品区域的确定、制造流程阶段的确定、生产及配送设施的建立和关闭、主要生产线的安装使用等。目标是在一定的客户服务水平和预算限制条件下实现利润最大化,其作用是决定或变动整个供应链的基本目的及基本政策。战术规划主要是以时间为中心,将战略规划中具有广泛性的目标和政策转变为确定的目标和政策,并规定达到各种目标的确切时间的决策;运营规划是根据战术规划确定规划期间的预算、利润、销售量、供应量、生产量、库存量等具体目标,确定工作流程,划分合理的工作单位,分派任务和资源,确定权力和责任。因此,运营层次的规划是对工作最具体的规划。

(三)规划方法角度的划分

从规划方法角度划分,供应链网络规划分为定性规划和定量规划两种类型供应链规划中涉及很多不确定性和无法定量化的影响因素。像企业文化、员工素质等因素很难用定量模型进行描述,这时主要依靠供应链规划小组内权威、经验丰富的专家进行协商决策,像协同选址问题,仅仅依靠数学模型的计算结果很难做到与实际情况相符。定性方法适用于解决战略性规划决策问题。而定量规划主要解决供应链规划中确定性强的规划决策问题,诸如生产规划、需求预测、库存规划、配送路线规划等的决策。

除了以上几种分类方法外,还有其他的一些分类标准。如从规划范围角度划分,供应链规划可分为内部规划和外部规划;从规划的对象角度划分,供应链规划又可分为整体规划、局部规划和项目规划。这些规划方法都比较容易理解,我们不再解释。

三、供应链网络规划的"十个必须"

这里我们引用国内学者芦嫁的观点来阐述供应链网络规划的十个注意事项。

(一)内部整合必须到位

内部整合是任何一家公司老总所遇到的最基本也是最费力气的挑战,其范围涉及公司领导班子的团结，各个部门之间的协调。例如，美国芝加哥雅克森供应链服务公司总经理诺曼瓦西德特别推崇旨在随时平衡供求关系，消除各种差异的一体化营销规划，在其供应链经营管理中获得巨大的成功。其实他的规划并无多大新意，只不过是定期召开由制造商、营销专家、采购商、销售商、承包商、物流供应商、金融财务公司等各方负责人参加的会议，共同研究和解决供应链规划中的各种问题。当然这种会议大多是通过电子信息技术手段，互相无障碍的远程"交流"做到的。

（二）合伙人的相互合作必须加强

对于公司而言，供应链的最大合伙人莫过于客户，富有成效的一体化营销规划的执行过程往往拥有非常精确的来自广大客户的"下游数据"，其实这种数据的收集并不难，例如收银柜台上的条形码扫描数据就是非常重要的与客户关系密切的供应链销售数据信息之一。当然仅仅了解来自客户的各种信息还不够，公司必须非常熟悉供应链管理流程中的每一个环节，包括客户配送中心在内的库存变动信息。美国著名的摩托车制造商，哈雷戴维森公司总部每天接到来自市场营销商的至少 1000 份的报告，从中可以系统地了解美国各地乃至世界各地各种品牌摩托车的销售量、客户的需求量、摩托车的售后反馈信息、摩托车市场走向和销售量的预计等。其结果是哈雷戴维森公司的高档摩托车产量提高 25%，大中型摩托车产量提高 10%。当然，公司还必须共享来自供应链上游供应商的信息。

（三）操作流程数据必须精确

公司老总或许知道如何预测产品的供需量，却难以确保供应链流程数据是否精确，是否依照正确无误的供应链规划安排公司的产销流程。具体地讲，公司产品在市场上畅销的信息是否真实，产品上市是否及时并对路，这一切都取决于供应链流程信息的精确。为了供应链流程数据精确到位，公司必须对供应链的经营管理做到：①预计精确；②调整及时；③预算如实；④面向市场；⑤集成管理。

美国芝加哥供应链咨询中心主任斯利阿帕山指出，公司的经营管理数据指标通常多达上百个，各个都很重要，其中几个直接关系到公司经营效益和财务收入的指标则是关键，必须完成，否则就会影响全局。如果供应链流程数据出现差错，供应链规划的实施效果将受到严重破坏。

（四）供求软件系统必须一体化

在 20 世纪 90 年代电子信息技术处于初级发展时期，网络化还没有全面实现之前，为用户提供财务会计等数据服务的公司资源规划软件系统是分段操作的，中间需要设定某种密码才能把系统中的各段供应链软件统上起来。而新型的供应链规划软件系统已经做到一体化。美国 People Soft 软件公司把有关市场交易、经营分析和管理决策等方面的数据软件合并成单独的一个电子软件模块,从而大幅度提高反应速度。专业生产工业用紧固件产品的美国 Fastenal 公司由于采用 People Soft 公同生产的新型软件,完全取代传统的一家一户管理模式,从而能够在同一时间内有效经营管理超过 6000 种不同产品的供应链服务网络、12 个配送中心和北美地区 1300 家零售商店的日常供货服务。

(五)规划必须一元化,力求步调一致

供应链规划的制定者需要诸如营销、销售、客户服务、财政和经营管理等方面的预测信息,所有这些信息组合在。一起的时候,无论如何都要避免互相排斥,尽量做到元化管理。市场预测的二元化可以在最大程度上提高供应链的市场精确度和可行性,并且让所有环节上的各个经营单位有据可查。美国 PeopleSoft 软件公司的供应部门并不局限于数据报表上的信息,而是非常重视来自其配送渠道中的现场信息,一方面把来自下游合伙人的信息加以储存、分析和评估,另一方面与来自上游合伙人的信息做比较后加以优化,最后对供应链规划进行革新,从而在原来的基础上使生产效率再提高 20%。

(六)必须科学化和数字化

拥有许多分厂、经营管理机构庞大、产品和原材料进出数量巨大的公司更加需要市场规划的科学化和数字化,而服务于供应链市场规划的优化方程式软件通常有 3 种,即专门用于解决生产能力中出现的"瓶颈"问题的制造加工资源规划软件、生产规划优化软件和生产线成本控制软件。供应链规划的科学化和数字化可以优化公司经营管理的经济订货量,进一步消除手工操作,创造更多的智能化供求关系网络。同时供应链的科学化和数字化可以让公司决策者随时按照千变万化的市场条件随时优化自己的生产程序,避免公司受到市场波动的严重影响。

(七)必须以人为本

制定得再好的供应链规划离开了人也是无济于事。其中一个最简单的问题是,一旦供应链渠道中发生问题,员工应该知道如何解决。因此在供应链规划中必须翔实地指明每一个环节上的责任分工,让每一个员工各司其职。供应链中的每一个员工,无论是公司内部还是其他公司的,都可以根据自己的判断和供应链规划的总原则优化其具体操作部署,但是必须对操作的最后结果负责。公司总经理在日常经营管理中所发出的指令应该是原则性的,留出空间,让下面各个部门根据供应链规划原则做出每日的具体规划,发挥每一个雇员的聪明才智。总而言之,供应链中的规划必须严格执行,

而规划和执行毕竟是两种截然不同的程序，因此不能把规划程序等同于执行程序，否则与以人为本原则相背。

（八）事项管理必须到位

切实可行的供应链规划和执行两者之间的连接点就是事项管理。早在 20 世纪 90 年代后期，IBM 研究员斯蒂芬哈克尔推出在当时风靡一时，专门用于事项管理的"感应规范"电子软件，公司经营管理部门通过这个软件可以迅速掌握和适应市场氛围，提前锁定供应链中可能出现的任何问题，于是零时间垫补供求随时出现的空隙，而不是单纯依靠 3 个月、半年甚至 1 年以前制订的预测规划。随后这套软件在 IBM 和其他公司获得进一步的完善和发展，供需双方与客户之间的信息传递精确度提高，在储存信息数据的基础上随时进行分析和评估，具体了解客户的真正需要。由于事项管理电子软件的性能不断提高，目前还能在事项管理过程中进行风险管理，不断优化供需关系，运用范围不断扩大，效益不断提高，仅仅供应链的存货成本每年就降低 4%。供应链事项管理的经营观念的任何一种市场预测和规划都不是 100% 正确的。例如在货物运到仓库或者码头的过程中发现箱子有破损，生产流水线突然停转，公司销售产品的数量低于或者超过预计等情况时，有些问题通过系统管理，重新核准，按照商业规范当场解决，但是大多数公司喜欢使用供应链的事项管理作为自己经营管理系统中的预警机制。

（九）必须遵守事无巨细、一视同仁的原则

不少公司的整体形象不错，但是生产效益仍然上不去，结果发现这些公司的问题出在公司领导一心扑在大生意上，例如大宗货物、大宗客户，制订全年或者半年的规划，却忽视被他们认为鸡毛蒜皮的日常小业务，如零散客户、零担业务等。如果供应链规划的制订者放弃事无巨细、一视同仁的原则，在制定供应链规划过程中有意或者无意贬低，甚至抛弃被其小看的交易项目，忽视每一件具体产品的质量、数量和价位，从而造成公司付出的高昂代价是这些公司高层不愿意看到的。当令市场由于受到政治、经济、地理、宗教和习俗等方面的影响，常常变化多端，谁也无法断定哪股溪流会变成滔滔洪流，或者发生断流，因此必须抓住供应链规划中出现的每一种现象，绝不能轻易放过。必须指出，效益的好坏决定供应链规划质量的高低优劣，因此供应链规划中必不可少的效益优化也是规划制订者必须考虑的重要软件系统。公司上层根据效益优化项目软件系统，可以随时掌握哪些客户带来的经济最显著，哪一条供应链渠道的成本最低廉、安全性能最高，从而帮助公司经理和决策者随时根据市场走向和发展趋势调整原材料供应渠道，最大限度地利用供应链的空间能力。例如美国钢铁制造商 Posco 公司由于采用供应链效益优化软件，大幅度减少库存和降低产品周转时间，

仅仅在 6 个月内节约成本 2 亿 4 千万美元。

（十）必须落实在物流上

再好的供应链规划，市场预测和生产加工制造都可能毁于没有到位的仓库系统和为客户提供的最终服务上。因此良好的供应链规划必须慎重考虑选择优秀可靠的承运人。公司必须根据合同规定，与承运人具体商谈每天工作安排，以求产品运输达到最高的经济效率、最快的速度和最低的成本。人们通常以为满载快跑就能达到这个目的，其实具体操作并不简单，公司必须全面考虑物流过程，确切估计供应链中究竟需要多少承运人，并且要随时判断哪一家承运人的经营管理最佳。随着国际经济全球一体化的发展，物流范围不断扩大延伸，而其最终的目的之一就是尽可能创造物流的附加值，同时又要尽可能降低成本。物流是一个科学化、系统化、信息化、全球化的业务领域，是任何传统的运输业务无法包容的。而要创造物流价值的成本是非常昂贵的，只有当存货、仓储、包装、运输、搬运、销售等各个环节都被正确定位，大幅度降低成本，获取竞争优势，物流才能增值。供应链规划全面落实到物流的标准有以下 6 条：把职能性费用降低到最低水平；把交货成本降低到最低水平；把所有权总成本降低到最低水平；进一步降低企业销售增值成本；减低与最接近的贸易伙伴有关的企业内部附加值成本；把最终用户交货供应链成本降低到最低点。

四、供应链网络规划的意义

供应链网络，特别是全球供应链网络系统，是一个网络节点跨越多个国界的庞大系统网络，制定一套完善的供应链网络规划方案实为必需。

（一）供应链系统层次复杂，涉及内容广泛，需要有一个整体规划统领各部分协同运营

供应链系统是包括供应商、生产制造商、各级分销商及最终用户在内的多节点的复杂系统，另外很多供应链又包括多个供应商、分销商，这使得系统越发庞大。比如汽车行业供应链，仅仅汽车原材料的供应商层次上就达到几千家供应商，而且每个供应商的各自情况及发展情况又不相同，各自有各自的发展规划。供应链中各企业由于缺乏沟通和协调，多数从局部利益考虑，就会不可避免地破坏整个供应链系统的效益及效率。所以，需要有一个高层次的、全面的、综合的供应链系统规划做指导，才能令供应链各个节点企业协同发展。

（二）供应链中存在"牛鞭效应"，需要有规划进行协调

由于需求的不确定性存在的客观性和必然性及供求信息不能及时共享，沿着供应链向上游移动，最终导致需求的波动逐步放大，产生"牛鞭效应"，它是供应链中普

遍存在的现象。该瓶颈增加了供应链各个节点不必要的库存量。如果没有统一的规划作为各参与企业的共同行为规范，各个节点各自独立进行自己的库存规划和控制，必然会延续"牛鞭效应"危害。

（三）供应链系统中的人、财、物资源庞大、分散，需要有规划的进行整合集成

供应链中处于同一阶段上的节点企业的功能类似，有些共用的设施可以统一考虑，避免重复性投资建设，增加企业不必要的负担和风险。比如整个供应链的战略目标的实现，需要新增几个批发仓库、零售网点等问题，需要有一个统一的规划进行资源整合，指导所有参与企业资源的协调与合理安排。以上只是从大方向，上说明了供应链系统规划的重要性，从细节上考虑更需要有一套完善的供应链规划方案。

五、影响全球供应链网络规划的环境因素

相对于国内供应链来说，全球供应链表现出自身的独特性：①更大的地理距离和时间跨度；②多国采购、多国生产、多国销售的全球范围市场环境；③全球化战略联盟的形成更加剧了市场竞争；④顾客群体的全球化为供应链带来商机也带来了压力。

对于全球供应链，因为牵扯到更多的国家间的差异性和不确定性，所以我们有必要了解全球供应链网络规划过程中要考虑的环境因素。

（一）政治、法律因素

在不同国家和地区，其政策和法律各有不同。每个国家都有自己的税收、进出口、海关、环保和对本国民族工业的保护等政策。全球化供应链的运作遍及全世界，必然要涉及不同的政策和法律制度，因此在不同的国家和地区开展供应链业务活动时，必须要了解和利用当地的政策法规，按照它们来制定相应的网络规划，避免在业务中发生不必要的纠纷。

（二）经济因素

经济因素加速了供应链全球化的进程，同时也是影响全球化供应链网络规划的重要因素。影响全球供应链网络规划的经济因素主要包括金融、税收、地区性贸易协定等多个方面。

对于金融方面，不同国家的货币、汇率、利率、股市、通货膨胀等都存在不同程度的波动。在供应链规划过程中要充分考虑这些因素的影响。例如，一家公司在美国销售其在日本生产的产品，就面临着日元升值的风险。在这种情形下，生产的成本用日元衡量，而收益却用美元衡量。因此日元升值将造成生产成本的增加，从而减少企业的利润。还有在印度，政府对贸易保护得很厉害，外国产成品难以直接进入印度市场，但对于国外的企业进入印度本地开办工厂却大力支持。许多国际性的企业大多绕过这

一贸易壁垒，通过到印度来料加工、出口零部件或半成品到印度组装等方式开拓印度市场。因此企业在进行全球化经营时，要充分考虑这些经济因素的影响。

（三）文化因素

不同的国家有不同的文化底蕴，在信仰、价值观、风土人情、语言等方面有着很大的区别，在制定全球供应链网络规划时要充分考虑这些因素的影响。对于不同国家和地区的消费者，在品位和习惯方面存在较大差异，在制定营销规划时，要采取本土化的营销规划，这样才能引发顾客的兴趣，进而发展成忠实顾客。因此在供应链的规划阶段要把这些因素全部考虑在内。

（四）基础设施因素

一个国家的基础设施是规划和管理全球供应链的出发点。不同国家的基础设施差异性很大，例如发达国家与发展中国家的基础设施水平差距很大，在制定供应链网络规划时要考虑到这些现实因素的影响。一个国家的高速公路系统、港口、铁路运输、航运系统、交通设施、物流技术、一定规模的生产基地及制造技术等是衡量该国家供应链基础设施的重要标准。例如在印度等新兴市场全球供应链面临更多挑战。这些国家的基础设施比较薄弱，公路系统范围狭小，维修条件差，这严重影响了货物的运输，进而造成了库存的增加。在全球供应链网络规划阶段，必须从节点国家的物理基础设施的现状出发，制定出符合当地国情的规划方案。

（五）人力资源因素

人力资源是整个供应链成功运营的关键，在全球供应链规划的制定过程中必须要考虑供应链节点所在国家的人力资源状况。许多企业选择新的规划方案时，常常把备选国家廉价的劳动力成本作为其选择方案的一项重要指标。但是，在劳动力成本低廉的国家往往缺乏一流的技术和管理人员。因此在确定规划方案时必须进行人力资源成本与利益的权衡，以达到规划的最优。

（六）信息技术因素

信息技术对供应链特别是全球供应链的成功运营起到至关重要的作用。对虚拟企业联盟的管理主要以信息技术为依托，进行信息的共享。不同国家的信息技术发展差距很大，有的国家基本上达到信息化社会的标准，而有些国家还停留在最原始的信息构架体系上。所以全球供应链网络的规划必须把信息技术的因素考虑在内。

第二节　数字规划供应链系统规划与仿真

在全球经营战略和供应链管理战略的指导下，很多跨国公司或者大型国际化公司纷纷在全球范围构建自己的供应链，把全球经济资源纳入自己的全球经营战略之中，使众多国家都成为自己全球化经营战略中的一个布局点。供应链管理战略全球化的迅速发展，不仅仅是管理思想或管理战略变化的结果，更是信息技术带动全球经济一体化的必然结果。无论是发达国家为维持长期竞争优势而进行产业转移还是发展中国家推进工业化进程，促进经济发展，都不可能不涉及全球供应链这一利用和参与国际分工的新的组织形式。因此，深入研究全球供应链现状与全球供应链管理，对推动国际贸易和丰富国际贸易与经济增长理论具有重要的理论意义和现实意义。由于全球供应链是供应链模式的其中一种，它的独特之处仅在于节点企业处于不同的国家和地区之间，涉及不同国家间企业的分工与合作。所以供应链规划的方法同样适用于全球供应链的网络规划。

一、供应链网络规划的一般步骤

供应链规划是实现供应链战略目标的关键，所以在进行供应链规划的过程中必须有一个系统的规划步骤。按照科学规范的规划过程进行规划设计，以使规划方案具有可操作性和适应性。供应链网络规划过程模型是对供应链规划工作过程的总体描述。以规划过程为主线，可以把供应链规划工作划分为以下六个阶段。

（一）规划准备阶段

供应链系统尤其是全球供应链系统是一个非常复杂、庞大的系统。为保障规划工作有一个良好的开端并能顺利进行，首先要进行充分的准备工作，这是整个供应链网络规划工作的起点。具体包括：确定指导思想和基本原则，划定供应链规划的范围，确定规划的研究内容和成果形式，确定规划组织机构和具体参加人员，并且对参加规划的工作人员进行相应的培训。

（二）供应链分析与诊断阶段

供应链系统分析和诊断是供应链系统规划的基础和关键步骤。通过分析系统的优势和劣势、机会和威胁，找出规划的制约因素，为供应链规划创造条件。

（三）供应链战略分析阶段

本阶段是在供应链系统分析和诊断的基础上，运用系统工程的理论和方法，提出供应链发展的战略指导思想、战略目标、战略层次、战略重点、战略步骤、战略措施和战略政策，为供应链网络规划工作指明方向。

（四）系统规划阶段

该阶段是供应链网络规划的核心部分，是对整个供应链系统的发展模式做出总体规划、设计和优化，包括供应链系统的总体方案规划、各个节点企业内部供应链系统规划、关键子系统规划等。在综合规划优化的基础上，提出系统集成规划方案，并给出规划报告。

（五）规划方案检验阶段

集成规划之后提出多个初步可行的规划方案，然后对这些方案进行检验，选出相对较好的规划方案付诸实施。检验方法大体包括数理检验和实际检验两类，数理检验主要是运用规划系统的模型，基于计算机仿真手段，对规划方案的实施效果进行评价；实际检验就是把规划方案付诸实施，实际检验规划方案的绩效。

（六）规划方案修订阶段

由于供应链内外部环境不断变化，致使规划方案执行过程中产生的实际结果与预定目标有明显的差距，这时应对规划方案进行相应的修改。一般的修订主要是对整体的修订、职能的修订和子系统的修订。

总之在供应链系统规划的过程中，应当坚持静态（相对稳定）与动态（随环境变化动态调整）相结合、定性与定量相结合、近期与远期目标相结合、内部与外部相结合、软件（企业文化、员工素质等）与硬件（机器设备、信息技术等）相结合的原则。

二、需求预测

在市场竞争日益激烈，客户需求多样化、个性化的今天，公司要在提高顾客服务水平的前提下逐步降低供应链成本都离不开完善的供应链规划，而需求预测是供应链规划的重中之重。需求预测是市场对企业产品的未来需求量的预测，它通常以地区、产品、细分市场、订货量/销售量等作为预测基础。

（一）需求预测的作用

供应链管理者最头疼的一个问题就是"牛鞭效应"。"牛鞭效应"产生的原因复杂多样，它涉及企业的营销、物流、生产等各个领域。"牛鞭效应"是供应链管理的大瓶颈，它给供应链管理带来很多负面影响：

一是由于存在牛鞭效应，制造商面临的需求波动性很大，给生产计划带来许多问题；

二是物流在供应链上游环节流向下游环节的过程中出现逐级缩小的现象，各环节储存了大量不必要的库存；

三是由于"牛鞭效应"阻碍了供应链成员间的信息沟通，增加了供应链成本，同时也不能有效地满足顾客需求；

四是"牛鞭效应"容易给人造成需求增加的错觉，使制造商设计的生产能力大于实际的需求。

可见，"牛鞭效应"是必须努力消除或尽力减小的供应链瓶颈。而由上面"牛鞭效应"造成的负面影响来看，要减少"牛鞭效应"最重要的还是要提高预测的准确性。

把握未来的需求形势，对供应链系统规划有重要意义。需求预测的目的在于为供应链系统规划工作提供决策依据，以保证供给与需求之间的相对平衡，使供应链网络规划活动保持较高的针对性。从本质上讲，了解市场和消费者需求变化，不仅是预测销售额的第一步，也是进行高效供应链系统规划与管理的第一步。供应链中以需求预测为基础的重要决策包括采购与供应规划、生产规划、分销规划等。需求预测的作用主要表现如下。

一是提高顾客满意度。物流的目标之一就是满足客户需求。通过需求预测，了解客户需要，按客户的需要提供及时有效的服务。

二是减少失销现象。失销成本虽然无法准确计算，但不容忽视，其表现为客户的丢失和客户服务水平的下降。

三是更为有效的安排生产。生产部门的生产计划往往依据销售预测。预测的水平将直接影响生产的有序进行。

四是减少库存。由于预测的不准确，往往会产生库存的积压，占用资金和产生较高的储存费用。准确的预测可以满足企业仅保存必要的、较少的库存量的愿望。

五是减少安全库存。企业一般倾向于通过增加安全库存来应对需求的不确定性。预测准确度的提高，大大缩短了订货提前期，可以相应的减少安全库存量，提高库存管理水平。

（二）需求预测应考虑的因素

需求预测主要以过去的销售实绩为核心，但在决定销售目标额之前，必须考虑到内外环境的各种因素：

1. 基本需求

是指不考虑引发销售变动因素所得的需求预测。

2. 季节因素

指有些商品的需求具有季节波动性。像羽绒服一类的产品往往在冬季比较畅销。因而进行预测时在基本需求的基础上进行一定幅度的增减。

3. 需求趋势

需求往往要考虑产品的生命周期。比如产品处于成长期，那么其需求将增长迅速；处于成熟期，其需求的增长比较缓慢且稳定。

4. 周期性因素

周期性因素指产品需求有时会呈周期性增长。有时会一季度一周期，有时会一年一周期或更长，因而在预测需求时可以根据产品需求呈现的周期性特点，进行相应的调整。

5. 市场活动

如促销、广告等对销量的影响很大。因而在做销售预测时要考虑预测期间的市场活动状况，对预测的销量按促销等力度加以调整。

6. 不规律需求

指需求的随机波动性，一般由特殊情况和异常点造成。这种因素很难预测，因而有时可以多保有一些库存以抵消预测的不精确，这样做可能比改进预测所付出的努力更为经济。

（三）预测方法的分类

任何预测方法的目的都是预测供应链系统的需求部分和估计随机需求部分。系统需求部分的数据通常包括有需求水平、需求趋势和季节性需求。它有如下多种方程表现形式。

复合型：供应链的产品需求＝需求水平 × 需求趋势 × 季节性需求

附加型：供应链的产品需求＝需求水平 + 需求趋势 + 季节性需求

混合型：供应链的产品需求＝（需求水平 + 需求趋势）× 季节性需求

无论哪种预测方法，都不宜太过复杂，但对预测精度的要求却较高。常见的预测方法大致上可分为以下几类。

1. 定性预测法

定性预测法基本上是主观的，主要依赖于人们的判断和意见做出预测。这和供应链网络规划的定性规划思想是一致的。在缺少历史数据或专家关于市场的见解对于预测十分重要时，定性方法很适用。对于一个新产业来说，要对未来几年的需求进行预测，这种方法必不可少。

2. 时间序列预测法

时间序列预测法主要根据对象的发展变化规律的数学表达式来进行预测。它一般利用历史数据资料来预测未来需求，根据这些资料可以建立某种数学函数关系，可以用定量方法求出预测结果。采用时间序列预测方法的预测对象的发展变化规律可以表示成时间的函数，并且都是时间的一元函数或直接可以表示成 $y=f(1)$ 这种形式，或者可以表示成一个按时间顺序排列的一组数值（时间序列）。然后利用定量分析方法进行处理，得出预测结果。时间序列预测法主要有：简单平均法、移动平均法、指数平滑法、季节指数法、回归分析法等方法。

3. 随机预测法

随机预测法假定预测的需求与有关外界因素（经济环境、利率等）高度相关。随机预测法发现需求和外界因素的这种关系，并且利用对外界因素的预测来预测未来的需求。

4. 仿真预测法

仿真预测法通过模仿消费者选择来进行需求预测。利用这种方法，公司可以将时间序列预测法和随机预测法结合起来，回答诸如以下问题: 价格促销会带来什么影响？一个竞争者在附近开一家店会带来什么影响等。

5. 复合法

我们往往很难决定哪种方法适合用于预测。实际上，诸多研究显示，运用复合型的预测方法进行预测，并将各种预测结果结合起来作为最终的预测结果，将会比单独运用某种方法更为有效。组合的方法通常有两种：一种是简单的算术平均法；二是加权平均法。

6. 灰色预测法

灰色预测法，其对象变化规律不能表示成一个明确的数学表达式，而是一个不可知的黑箱。只能根据输入黑箱的数值与由黑箱输出的数值之间的变化关系来预测在给定的输入情况下输出的数值大小，从而得出预测结果。

7. 神经网络预测法

由于社会经济系统中遇到的时间序列常常表现出复杂的非线性特征，而利用传统的时间序列预测技术很难揭示其内在规律，因此为更好地揭示这种非线性的时间序列在时延状态空间中的相关性，可以采用神经网络来进行时间序列预测。预测时可以利用 BP 网络和 RBF 网络模型，但是这两种网络在用于预测时，存在收敛速度慢和局部极小的缺点，在解决样本量少且噪声较多的问题时，效果并不理想。广义回归神经网络 GRNN 在分类能力和学习速度上较 BP 网络和 RBF 网络有着较强的优势，网络最后收敛于样本量集聚较多的优化回归面，并且在样本数据缺乏时，预测效果也比较好。

（四）供应链产品需求预测流程

预测流程必须由大量的来自不同功能部门的供应链成员来支持（销售、生产、采购等）。因此，有效的联合预测流程必须获得一个所有参与者都能接受的结果。这一流程的结果产生大家一致接受的预测。这样，供应链中所有规划将会协调一致。需求预测的流程大致如下：

1. 理解预测的目的

每一个预测的目的都是支持以预测为基础的决策，因而公司必须明确这些决策。所有受供应链决策影响的各方应该明确决策和预测之间的关系。

2. 需求规划与预测的结合

应该将预测与供应链中所有使用预测或影响需求的规划活动联系起来。这些活动包括生产能力规划、生产规划、分销规划及采购规划等。这种联系应该建立在信息系统和人力资源管理层次上。

3. 识别影响需求预测的主要因素

对影响需求预测的主要因素的恰当分析是做出合理预测的关键。影响预测的主要因素包括需求、供给和与产品有关的一些因素。

4. 理解和识别客户群

为了理解和识别客户群，必须将客户按照他们在服务要求、需求数量、订货频率、需求可变性和季节性上的相似性将他们分为各个客户群。通常可以针对不同的客户群采用不同的预测方法。对客户群清晰的理解，有助于采用准确和简便的方法进行需求预测。

5. 决定采用适当的预测方法

在选择一个适当的预测方法时，需要首先明确和预测有关的要素的范围，包括地理区、产品组合客户群。应该知道在每一个范围内需求的区别。对于不同的范围，最好选用不同的预测方法。特别是对于全球范围的需求预测，更应当缩小为本土化范围的预测。

6. 实施预测并选择误差计算的方法

必须确定明确的效果评估方法，来评价预测的准确性和时效性。这些方法应该和供应链系统在预测基础上制定的发展目标密切相连。

（五）预测模型介绍

在供应链网络规划中，特别是在制造业和快速消费品行业，目前普遍使用的预测模型主要有四种：Fourier（傅立叶）；MLR（多元线性回归）；Lewandowski（LEW）；变权组合预测。

1.Fourier 模型

Fourier 统计模型以 Fourier 序列为基础，用于计算需求预测的多个系统集合。

Fourier 序列模型的部件有：级别（Level）、趋势（Trend）、周期性（Seasonality）。

模型的第一个部件是级别。在一元模型中，级别就是所有历史时段的平均值。生成一个有效的模型时下一步寻找数据中的趋势。

2.MLR（多元线性回归）模型

MLR（多元线性回归）是一种广泛使用的统计模型，它能够让用户为具有多个外部系数（原因系数）的产品计算预测，这些系数包括影响产品销售模式的价格、天气或人口统计学特征。MLR 同时也是一种统计技术，它能够用来分析单个从属变量（历史）与多个独立变量（原因系数和周期性）之间的关系。多元线性回归利用多个原因系数扩展了 Fourier 方法。

因此，MLR 预测模型的输入有：需求的历史、历史原因系数数据、未来原因系数数据。系数将其在历史数据中发现的级别、趋势、周期性模式及原因系数映射到未来，这样就生成了对未来需求的统计预测。MLR 模型可以理解成 Fourier 模型的扩展，MLR 模型的组成部分有：级别、趋势、周期性、原因系数。

原因系数是需求的驱动力。也就是说，它是由市场引入的行为，能够驱动需求以可测量的模式上升或下降。市场包括公司、客户、竞争者、经济或环境行为。在一定时间范围内跟踪这些行为时，就可以发现销售与行为之间的关系。数学上，多元线性回归涉及线性模型求解：

$$Y=\beta X+e（历史 =（水平 \pm 趋势 \pm 周期性 \pm CF \pm 误差））$$

式中，Y——从属变量观测值（历史值）组成的向量；

X——独立变量观测值（原因系数值）组成的矩阵；

β——原因系数矢量（原因系数影响）；

e——误差观测矢量。

以上列出的变量，除了系数 β 外，所有变量都是已知的（由数据提供）。MLR 算法用这个方程求解相应的系数，这个系数提供模拟历史信息和相应的预测值。

关于 MLR 模型的另外一个因素是回归方法。MLR 模型有三种可以使用的回归方法。通常每种方法产生相同的预测结果。然而有些方法更健壮（即确定是否使用某个原因系数时更为严格）。在实际中，通常使用 QR 分解（Q 代表正交，R 代表上三角矩阵）。这三种回归方法包括：QR 分解、带主元选择的 QR 分解、单值分解。

一旦指定了回归方法，下一步就是选取子集选择方法，该方法为每个产品预测模型选择要采用的原因系数。该模型既可以包括所有的原因系数和周期性条件，也可以只包括那些在统计上有意义的部分。子集选择方法包括：无、回退、向前、逐步。因为每个选项会高度地依赖于数据以何种方式提供，选择子集没有简单方法，经常需要进行一些测试以决定哪种方法对你的数据类型最起作用。

回归方法与子集选择方法的组合可能会对 MLR 模型的处理时间带来很大影响，尤其对存在大量产品的 MLR 模型更是如此。用户或许会明智地采用某种策略，以最佳地利用不同方法和选择的优势，而同时又能够尽可能地减少处理时间。

3.LEW（Lewandowski）模型

需求历史包含了一种产品在特定时间段的实际销量。一种研究历史需求的方法是考虑有多少需求产生于以下几个方面：

①持续的、稳定的销量。

②销量的上升或下降。

③有规律的、周期性的增加或减少。

④促销或其他特定于时间的事件。

⑤具有显著影响的环境行为、经济行为或其他行为。

LEW（Lewandowski）算法使用一种结构化的分析技术来分析历史和生成预测，它在生成统计模型时可以说明这些各种各样的因素。在 LEW 算法中，动态平均和周期性指明了有规律的、可预测的销量在一定时间范围上及在一年的各个周期中的贡献。事件解释了受时间限制的、影响需求的行动的影响，这样的行动有促销、竞争行为或者搭配销售。它们既可以由算法分析它们的影响，也可以是由用户输入的已知的数量。通过分析每个元素对总销量的贡献，LEW 算法可以产生关于过去的非常准确的模型以及关于未来的非常好的预测。

LEW 统计引擎使用一个三步的过程：

①将历史分解成需求的静态元素和动态元素。其中静态元素包括历史覆盖和外部系数；而动态元素则包括动态平均、周期性和数据驱动事件。

②利用最优化和专业级技术将模型拟合到历史。这一步说明了 LEW 算法根据动态平均和周期性预测了什么。

③将模型投影到未来。

LEW 算法所产生的诊断模型包含了三种结果：历史和拟合的历史、趋势变化和模型误差区域、预测。在 LEW 算法生成模型之前，它首先必须分析历史销售数据。在这种分析过程中，LEW 算法使用分解方法来确定哪部分销量由需求的哪个部件产生。LEW 方法将在动态分析之前分解静态部件。在运行算法之前，必须首先确定基础历史。而在分解历史数据时，LEW 算法首先消除历史中的静态元素。

静态元素的影响是固定的，不会在模型迭代过程中变化。随后，LEW 算法分析动态的或者变化的历史元素。由于使用多次调整循环，LEW 算法能够确定平均值与周期性的最佳组合以解释所产生的动态总量。此优化过程力图分析、理解误差，并将误差减到最小。在 LEW 算法优化次分析的过程中，它可以从先前的调整循环的错误中不断"学习"。这种专业化技术意味着，LEW 算法认识到它能够通过出错、从错误中学习以及重试来获得更好的解决方案。在 LEW 算法分析了历史之后，它就可以确定它应该对什么做出预测。

动态平均包括级别（平均值）和趋势。LEW 算法在确定其他动态需求部件的贡献的同时计算动态平均。所选的趋势类型和趋势组合设定了动态平均起始时如何响应，这为在微调模型时调节参数建立了一个平台。趋势类型有三种选择：常数、线性和二次平方。

为了确定动态平均的贡献，LEW 算法计算最佳起始平均值以及该动态平均对时间变化如何反应。为了确定动态平均应当以多快的速度做出反应，LEW 算法寻找正的和负的误差模式。

①如果产品是随机的（随机的和不可预测的销售模式），就降低该动态平均的反应性。较大的模型误差固有地存在于随机产品中，而且模型误差不应当以动态平均的变化来解释。

②在具有较大累积量误差的时间段中，提高动态平均的反应性。较大累积量的误差表明，拟合的预测或者持续地高于或者持续地低于销售历史。因此，要提高动态平均的反应性，以使模型适应销售水平的变化。

③在具有很大误差（例外事件）的时间段，要减少动态平均的反应性。销售历史中的异常不应当以销售的平均水平的变化来解释。

LEW 算法在确定平均值的最佳调整时，把周期性融入计算中，前面已经定义，周期性是指一年中有规律地出现的销售情况。LEW 算法使用周期性指数来确定周期性。然而，LEW 算法通过将动态平均与周期性指数相乘把周期性构建于动态平均之中。由于动态平均随时间段变化，周期性可以更密切地适应实际的销售模式。LEW 算法首先建立一份起始周期配置文件，然后，随着时间的推移过程，它"学习"产品的周期性。在 LEW 算法逐步调整模型以适合历史的过程中，它将在匹配一个时段的周期性波峰时产生的任何误差作为寻找下一个时段的周期性波峰的输入。

在分析历史并依照过去调整模型之后，LEW 算法就将模型投影到未来。它显示对实际销量的估计和对趋势的预测。以下概括 LEW 模型算法的流程：

①原始历史数据是对整个过程的主要输入。

②消除覆盖事件的影响，确定基础历史。需求计划模型部件被分类成静态和动态。覆盖事件为静态部件，因为用户固定他们的影响。静态部件在模型迭代过程中不改变。而动态部件的影响不断地发生改变，由算法得到平均值、周期性及数据驱动事件的优

化组合。

③过滤的历史被分成三种动态模型部件初始估计：动态平均、周期性以及数据驱动事件。周期性和数据驱动事件的初始影响由用户定义配置文件确定。

④从全部历史中去除周期性和数据驱动事件的初始影响。用剩余的历史确定初始动态平均。

⑤在历史中执行线性回归。第一个历史阶段中的线性回归值将作为初始平均值（在第一个历史时间段的动态平均值）。

⑥将动态平均、周期性以及数据驱动事件的初始影响求和，得到初始的需求计划模型。

⑦比较初始模型和过滤的销售历史，计算模型的误差。下一步就是通过为每一个动态模型部件分配正确数量的模型误差来优化动态模型部件。

⑧比较模型和销售历史，计算模型误差的数量后，算法完成几个循环来优化动态模型部件的影响。

⑨在最优化动态模型部件后，它们再次被组合生成新的模型。如果算法完成指定次数的循环，那么这个新的模型就是动态模型部件的最终预测。

⑩完成所有的循环，定下所有的动态模型部件的影响，重新应用静态部件影响，得到最后的净预测。

三、供应链系统采购规划

随着全球经济一体化发展和企业竞争环境的不断加剧，原材料资源争夺越发激烈。在全球供应链模式下越来越多的企业为了提高核心竞争力把尽可能外包的业务外包出去。这些都充分表明完善的采购规划对全球供应链管理的重要性。

（一）采购战略规划

随着市场竞争的不断加剧，制造商必须打破传统的采购渠道，制定质量好、价格低、准时供货和服务好的采购政策。由于传统的采购策略已经不能适应全球采购环境的发展，进行采购策略的创新成为当今全球采购的当务之急。从供应链战略规划角度出发，进行采购规划，充分平衡企业内外部竞争优势，与关键供应商建立长期合作关系，达到供需双方的"双赢"目标才是全球供应链模式下的创新采购战略。

战略采购以营销渠道管理理论和供应链管理理论为基础，综合分析企业内外部的供应资源优势，以供需系统整体利益最大化为目标，根据不同供应商采取差异化策略、业务流程和决策规划，对供需渠道联盟的采购活动进行计划、组织、协调与控制。

战略采购的目标：适时适量保证供应；保证原材料质量；采购费用最合理；提高

公司乃至整个供应链的竞争地位；协调供应商关系，形成供应渠道联盟；供应链整体成本最小化。结合供应链系统规划的基本思想，现将战略采购的过程归纳如下：

1. 规划准备阶段

这一阶段是战略采购的基础性工作，包括建立相应的采购管理小组，进行相关理论、方法、财物、系统状态等方面的分析和准备。

2. 采购需求与资源环境战略分析

弄清企业当前与未来的采购需求，对可能影响企业采购的内外部相关因素进行系统分析，包括资源分布情况、供应商情况、原材料成本与价格分析、物流运输等的分析。

3. 制定采购战略

采购战略是指企业带有指导性、全局性、长远性的采购工作基本运作方案，包括采购品种、采购方式、供应商选择与合作、订货与进货等的战略。

4. 采购控制与评价分析

对照采购计划定期检查采购活动得到的实际经济活动结果，主要在于评估采购活动的效果，总结经验教训，查明症结，找出改进方案。

战略采购实质上是一个闭环反馈过程，任何一个过程的失误就可能导致整个采购活动的失败，甚至造成供应链系统的瘫痪。

在全球供应链模式下，制造企业的采购策略主要表现在以下几个方面：

首先是供应商管理策略。采购最重要的就是要在正确的时间选择正确的产品和正确的供应商。越来越多的外国公司了解到这一点，而且大家也越来越重视成本的降低。在供应商管理策略方面，一是确定供应商的总体策略，包括价格成本、采购比例的控制以及供应商的数量。二是进行供应商协同，在产品研发过程当中就要和供应商进行同步开发，在品质和供应弹性以及成本方面，需要进行一个持续的改善；同时在采购价格方面需要供应商能够保持最佳的竞争力，采供双方达到双赢。同时，将供应商选择工作前移，在供应商端设立相应的采购平台。三是供应商供应能力的管理。四是供应商服务质量的管理。

其次是供应链管理策略。供应链的管理并不是一个单纯的价格问题，并不是说单纯的降低成本。因为现在的供应领域变得越来越复杂了，企业越来越注重供应链的管理，而不仅是产品的管理、产品的价格。如果企业能很好地管理供应链，利润可能成倍增长。

然后是外包策略。很多企业，特别是以前那些工业化的公司、国际化的公司都有这种全球化采购的活动。什么东西可以外包呢？显然不是企业的核心竞争力，如果外包对企业产生更多的效益的话，企业就会把这部分产品和服务外包出去。比如说飞利浦公司在很长一段时间内，都自己生产某种印刷产品，而且在印刷电路板方面每年都投入大量的资金，最终飞利浦发现如果用其他公司生产的电路板会比自己生产的产品成本更低，就把这部分的生产活动外包给其他公司了。当然外包的整个过程是非常复杂的，关键是要找到公司的核心业务，否则，将自己很有竞争力的最核心的业务外包出去，就有很大的危险。

最后是人力资源策略。对于企业来说，花一些时间来培训企业员工，特别是在采购方面的专业人士是十分必要的。随着公司的发展，企业的采购人员必须成为全球范围内运作的商业人才，应当让他们了解到相关的技术以及其他国家在这方面的发展。采购人员一是需要很灵活、很愿意了解采购；二是愿意和其他的供应商建立联系，应当和高层管理人员就供应源的选择问题进行交流；三是要掌握其他国家和其他文化方面的支持。这些对于建立一个很好的供应链都是十分必要的。

（二）供应商的选择

全球经营环境的变化，导致全球采购环境也发生了很大变化。关税在不断降低和取消，大规模的地区贸易壁垒逐渐解除，已经使降低成本和放宽政府管制的复杂性成为可能。

1. 全球采购面临的新环境

在进行全球采购时，由于存在地域上的差异，在国际上选择供应商要比在国内困难得多，全球采购具有如下特点：

第一是政治问题和劳动力问题。受供应源所在国政府问题的影响（比如说政府换届导致的贸易政策的变更），供应中断的风险可能会很大。采购者必须对风险做出估计。如果风险很高，采购者就必须采取一些措施监视事态的发展，以便及时对不利事态做出反应并寻找替代办法。必要时甚至有可能重新选择新的供应源。

第二是汇率波动。全球采购中，付款采用何种货币也是重要的因素。如果交款时间较短，就不会出现汇率问题。但是，如果交款时间为几个月，汇率就会有较大的变动，此时的价格相对合同签订时就会有很大出入，所以在采购过程中对汇率因素的影响一定要充分考虑，这我们在前面也已做出介绍。

第三是价格因素。传统采购活动的重点在于将供应商的不同报价进行详细比较。如果公司在单个地理区域的供应市场中采购，可以采用这种方法，但一旦公司向两个或更多的供应市场区域采购，这些传统的方法就不一定是最理想的方式了。通常综合评价在全球市场上的材料价格，需要收集的数据更多，需要考虑的价格相关因素也更多，涉及利用最小离岸价和成本变动进行分析，必要时还需考虑建立成本模型，设定基准价格。

第四是质量。全球采购中，采供双方就质量规格达成明确标准非常重要，否则以后双方产生分歧后，一系列的后续事件的处理费用就十分昂贵。另外，买卖双方采用什么样的质量控制／验收过程也很重要。

第五是法律问题。如果说在进行采购时潜在的法律问题可以称为风险，那么在许多情况下进行全球采购的风险要比国内采购时大得多。由于起诉费用昂贵并且浪费时间，所以由国际仲裁机构来解决贸易争端的协议正在日益普及起来。

第六是运输和集中物流。国际原材料采购中的运输方式和责任承担问题要比国内运输复杂得多。另外，国际采购中的包装和保险决策也比国内复杂。因此，在进行全球性采购的过程中必须把物流这一块当做重点来抓。

第七是语言。虽然现代技术的发展降低了电子通信的成本，如今全世界都可以通过网络进行交流。但相同的词在不同的文化背景下会有不同的含义。因为语言方面的问题，一些公司坚持让经常和外国语言国家的供应商打交道的采购管理人员先进行短期语言培训，以便和国外供应商打交道。

第八是文化和社会习惯。各个国家、各个地方的商业习惯会因地区不同而变化。采购人员若要和供应方更有效地进行商谈，就要调整自己去适应那些习惯或习俗。

由于战略合作的举措带来了一种不同的采购哲学，称为"全球合作"。从整体上看，这些特点表明一个全球采购环境的特征。在这个环境中，历史性的成本驱动因素持续下降，同时政府对贸易的管制在不断减少，地方性或全球性的采购组织都必须适应上述持续变化形成的全新采购环境。

2. 全球采购策略下供应源的选择

全球采购环境使得采购组织的运作趋向于全球协作。目前，大部分企业对供应源的选择是多样化的，主要是对企业所处的内外环境进行分析，根据企业的长期发展战略和核心竞争力，选择适应本企业或本行业的实施方法。通过这些方法可以获取增加数量的利益，并使采购的杠杆作用最大化。有效采购被 Giunipero 博士（佛罗里达州立大学 NAPA 采购和供应管理教授）定义为五个"合理"，即以合理的价格、合理的质量、合理的数量、合理的时间和合理的资源获得产品、货物和服务。在这五个要素中，合理资源的选择对其他四方面的影响最大，也是采购过程中能够带来最大增值的一部分。供应源的恰当识别、评估和流动确保了公司将得到合理的质量、数量、时间和价格。因此，选择合适的供应源是采购过程的关键，甚至可以说，单个的采购决定构筑了整个公司的供应基础。这里我们主要就资源的外部采购中供应源选择过程给出介绍。

（三）资源的外部采购中供应源选择过程

通常，我们将供应源选择过程分为"自制或外购的决策→调查或识别过程（潜在供应商）→询问过程（事前资质认证与评价）→谈判与选择→持续评价和改进"等五个具体环节。下面我们就以上几个过程给出详细的介绍。

1. 自制或外购决策过程

任何一个企业的关键战略决策几乎都集中在自制还是外购这个问题上，对这个问题的回答可能直接影响组织的整体形象。有效的外源决策是任何组织实现合理供应的基础，在供应源选择之前首先要进行环境分析、制定供应源选择计划，以决定是否选择外源。

一是环境分析。主要是分析企业所处的内部环境。内部环境指企业文化、企业的发展阶段、企业的核心竞争力、管理方式、组织架构、企业的决策制度和程序等。

二是收集数据。从事全球采购的每个采购办公室或地点应收集以下数据：目前的需求；需求预测；当前的供应商；潜在的供应商；产品特性；交易货币；当前协议时间长度；总配送成本等。

三是判定供应源选择计划。企业在制订计划时需要确立目标和标准等原则性问题，还包括确定供应源选择时机和具体的实施细则。企业向具备相应优势的外部供应商购买自己不具备制造或服务优势的物品，就可以集中精力更好地管理自己的主要业务或发展自己的核心竞争力。这种管理哲学已导致了企业规模在实质上的收缩，拓宽了采购范围。面向全球化市场，选择、发展适合于自身战略发展需要的世界级供应商，是理所当然的采购方的任务。

2. 调查或识别潜在供应商过程

一旦确定了需要向外部采购资源，企业就开始了识别过程。采购方可以列一个详细的清单，了解产品的一般特性和用途。公司从市场上能获得什么样的产品？谁在生产这种产品？或者谁可以生产这种产品？谁可以提供最满意、最经济实惠的产品？潜在供应源的调查不应该忽视任何可能性，要明确产品能够获得，而且确保它们能够满足质量、服务和价格等方面的要求。高质量的产品很少来源于劣等的输入。这意味着企业的采购部门和它们的内部客户要花大量时间、做出很大努力去筛选供应商及其产品以保证质量。现在比较广泛的使用方法是 ISO 9000 系列认证。这个认证程序是由国际标准化组织在 1987 年开发的。ISO 9000 要求公司建立过程和文档，然而它没有保证，甚至也不检查客户的满意度。虽然有登记和证书并不一定能保证质量，但是它仍然广泛的被看做是质量的代表。

ISO 9000 质量管理和质量保证标准；

ISO 9001 在设计、开发、生产和安装过程中的质量保证系统模型；

ISO 9002 在生产和安装过程中的质量保证系统模型；

ISO 9003 最后的检查和测试中的质量保证系统模型；

ISO 9004 质量管理和质量系统元素。

采购属于 ISO 9001。虽然有了证书并不一定能保证质量，但它保证了产品的一致性。换言之，一个供应商可能生产一种包含固有缺陷的汽车零部件，但是每一个零部件都有同样的缺陷。过程的一致性是关键，而且没有证书的质量保证可靠性就更不能保证了。与少数供应商合作意味着采购方要小心地进行选择。企业通常仅在第一次面对一个供应商时，或者在进行重要的重新评价时才考虑参考所有的信息资源。

3. 询问过程

在浏览了这些资源后，我们可以简化初始的供应商列表至适当长度，然后从较短的列表中选择一个或多个最好的供应商。并对选定的供应商的运营情况进行详细分析。询问过程包括对潜在资源的事前认证，从有潜力的供货资源中选出可以接受的供货者。更重要的是根据特征、规模和采购的重要性，在询问阶段可以形成有关决策，确定将与哪家供应商建立合作关系，进一步商谈未来的潜在需求。有时在一项特别大的采购中，询问阶段的探索范围可以延伸到供应商的上游供应商。在此阶段的目标是寻找能够生产出符合质量和数量要求的产品的供应商，以确保在任何条件下能为采购方提供持续不断的供应资源。市场调研和数据的采集是供应商选择机制的起始环节；市场调研和数据采集的正确与否，是有效进行供应源选择和准确实施的关键。市场调研和数据采集的对象必须是具有一定规模的企业决策者和符合本企业或本行业要求的供应商或潜在的供应商。比较普遍的是采用市场调研问卷的形式来进行。拉尔夫·G·考夫曼将询问过程细分为 4 个步骤：

第一个步骤是供应市场调查。在现有供应商中筛选，同时列出符合初步条件的潜在供应商。需要的资料有：供应商名称及其联系方式；供应商主要客户信息；市场价格信息；供应商的产能与产量。

第二个步骤是供应商考察。包括收集一些具体供应商的一手资料，实地考察使采购者可以通过真正的现场观察收集原始数据。在考察过程中，企业可以组成采购团队（包括产品设计、产品管理、技术支持等），着重察看供应商的若干经营点及他们的运营情况，包括管理能力、全面质量管理、一般的质量认证或审计、技术能力、人员关系、财务状况等。

第三个步骤是供应商风险评估。对于以前没有业务往来的供应商，有必要进行供应商风险评估 / 信用度评级评估。

第四个步骤是列出认可的供应商名单。通过前面的三个过程后，确定一个可以接受的供应商资源清单。这些供应商有能力满足采购需求，采购者也愿意向其订货。大多数组织都把这称为"认可的供应商清单"。如果绩效卓越，清单上的供应商可能成为非常有价值的合作伙伴。

4. 谈判和选择过程

一旦完成了询问过程，即完成了资格认证，就可与所选择的供应商洽谈合同或最初的订单问题。在许多情况下，采购者将不得不发出一个"报价邀请"（Re-quest for Quotation，RFQ）。采购者准备所有的 RFQ 有关资料（包括所期望的产品规格描述、标准的成本分解表格、知识产权协议、保密协议等也可在此过程中准备），并将其形成正式文件发送到供应方。

最终决定要考虑很多问题。基本采购可能只需考虑 3—4 个选择因素，如价格、交货、质量、服务，但一个复杂的战略性长期合同要考虑 12—15 个因素。当需要用多种因素评价多个供应源时，建立一个多因索模型很有帮助。我们可以从多个角度评价竞争的供应商，如 Heiniz S.F. 的多因素模型就可以很好地解决这个问题。

不管选择供应源或协议类型时使用了哪种方法，一些谈判将出现要求预备选择的供应源进行更多的细节讨论，对细节和条款的进一步谈判是为了确定最大价值所在。这种谈判主要是关于质量、价格、服务、交货的条款方面。此外，还要考虑利率和合作等无形因素。

5. 实施过程

供应源选择的最后是实施过程。包括确保供应商满足合同中条款和条件的要求，符合清单，按时送货，告知采购者任何供应商设施方面的重大变化。所选择的供应商能否持续接到采购者的订单或是否被其他供应源取代以及采购者满意度成为决定性因素。

绩效良好、有能力满足或超越采购者要求的供应商是供应基础中有价值的成员。遗憾的是，并不是所有的供应商都有能力达到这种较高的水平。因此在许多组织中应进行供应商的分类。例如，Droesser，Frels 和 Swartz 描述 Deere 和 Company 公司对供应商的分类包括：

①有条件的供应商：绩效不能满足最低标准的现有供应商，或还未建立一个绩效记录的新供应商；

②认可的供应商：满足了最低标准，能为现有产品但不是新产品提供配件；

③满意的/重要的供应商：经过证实，有能力满足货源目标，有长期合作的相互协议；

④战略联盟：具备整合管理计划和安排；分享技术和计划；彼此互通财务信息及供应商的资源承诺。

对一次好的采购，评分系统一般包括 3 个基本方面：质量、服务（送货）和价格，这三方面一般比其他因素的权数要大。例如，对两个生产汽车灯泡的制造商而言，质量是最重要的；而对于生产竞争较为激烈的一次性产品，如一次性纸杯的制造商，在使用评价系统时，价格的权数最高。对每个重要的领域还可以进一步细分。例如，客户服务大类中可以包含准时送货、订单处理周期、技术支持是否可行、提前时间是否稳定等具体方面的评价。我们可以用加权平均法来对供应商的绩效进行评价。这种方法提供了有关供应商绩效的相对评价，尤其是在产品是从两个或更多的来源获得的情况下，下面用一个例子来说明。

假定质量权数为 40，价格权数为 35，服务权数为 25。供应商 A 在过去一年里履约送货 58 次，其中 2 次被拒绝。商品分值比为 56/58×100%=96.6%，与权数 40 相乘，最终供应商 A 的质量得分为 38.6 分。供应商的最低净价格为每个单位 0.93 美元，A 的价格为 1.07 美元，二者相除，A 的价格绩效为 86.9%，与权数相乘，最终供应商 A 的价格得分是 30.4 分；在 58 次配送中，其中 55 次被接受，绩效为 94.8%，与权数 25 相乘，最终供应商 A 的配送得分是 23.7 分。将以上这些数字汇总即为供应商 A 的总绩效分数为 92.7 分。

供应商 B 同一时期送货 34 次，如果最低净价格供应商的定价为 0.93 美元，那么 B 的价格分值为 35 分。然而，4 次送货有残次品，因此 B 的质量分数为 35.5 分；另外，供应商 B 有 5 次送货延时了，因此 B 的服务分数为 21.3，总绩效分值为 91.6 分。

因此，在这个例子中，供应商 A 被认为是更令人满意的货源，尽管 A 的价格比较高，但采购者还是愿意大量订购 A 的产品。如果供应商 B 能够在质量和服务方面都提高一半，或者如果对此项目价格因素相对更重要，B 将得到较高的分值。

维护与管理主要指的是交易过程结束后，将有关合约或重要供应商信息进行分类整理，进入企业数据管理系统，以确保信息的安全。主要包括的信息 / 文件有：供应源信息；供应源评价表；供应源的正式报价单；与供应源签订的最初 / 非正式协议；所有供应源的评价排名结果。

（四）全球采购供应源的评价项目

在全球采购环境下，由于涉及的国际供应源比较普遍，会出现一些独特的问题，选择供应源时必须考虑到货物的总成本，而不是购买价格。鉴于全球采购环境下供应源选择的特点，我们考虑的供应源选择评价项目主要有：供应源的总体环境、经营管理能力、质量保证、制造能力、物流与采购能力、价格与客户支持、合作伙伴等七个方面。

1. 总体环境

经营环境（20%）：政策 / 社会 / 法律等的稳定性、进出口规则、货币兑换情况、近 3 年货币通货膨胀趋势。

财务状况（20%）：固定资产、注册资本、合作伙伴及所占股份比例、信用水平、速动比率、净利润、税后利润、库存周转率、付款期限、资本周转率、最近投资额及投资项日。

公司发展（20%）：公司成立时间、业务特征、公司发展定位及策略、上年主营业务收入、雇员人均主营业务收入、出口销售额所占比率、最大客户销售额所占比率。

以前/目前与公司合作情况（20%）：目前的质量及物流经验、对所需样品的合作情况、所需的产品情况。

生产人员状况（20%）：员工总数（全职/临时）、管理人员数、技术人员数、操作工人数、研发人员数、销售人员、受教育情况、工作时间、人均成本、员工的培训。

2. 经营与管理能力

经营能力（50%）：产品种类、产品质量、技术水平、产品范围、生产率提高/降低的程度、交货能力。

环境保护（50%）：ISO14001认证情况、有无环保政策及相关文件、工厂的生产环境、产品中有无禁用物质。

3. 质量保证

质量体系（50%）：ISO9002认证情况、质量改进措施、质量检验设备、原材料质量。

产品/过程质量控制（50%）：原材料/产品生产过程/成品检验方法及手段、货物质量标准、是否具有质量手册。

4. 制造能力

所需的产品是否自制、现有生产能力、产能利用率、为本企业能提供多少产能、每日生产班次、每周工作天数、工厂机器的情况、维护计划、生产过程的维护、雇员的安全措施。

5. 物流与采购能力

基础设施（25%）：仓储设施、距其上游供应商的距离、距其下游采购商的距离、产品包装、数量柔性、综合柔性。

物流体系（25%）：是否有进出口权、分销体系、库存水平、交货能力、JT交货能力、样品交货时间、最少订货数量。

采购政策（25%）：采购是否本土化、成本递减程度、供应基地的优化。

采购管理水平（25%）：供应商选择过程、对其供应商的管理、有无供应商数据库、原材料的供应源。

6. 价格与客户支持

供应价格（50%）：产品成本分析、上游供应商评价、定价方法。客户支持（50%）：付款条件及期限、交货期、交货成本、质量担保、客户投诉处理程序、客户满意度评估体系、货物运输预警机制。

7. 合作伙伴关系

竞争关系（25%）：是否与企业有业务合作、是否与本企业竞争对手有数额巨大的交易、曾经 / 目前 / 将来有何合作伙伴。

业务目标（25%）：与本企业的合作战略、发展成为长期伙伴或短期伙伴、对战略的详细解释、对企业发展目标的认同度。

沟通与交流（25%）：成本公开程度、高管层的参与度、语言交流障碍程度。

合同签署（25%）：价格 / 质量 / 物流协议、保密协议、知识产权协议。

（五）全球采购供应源的评价方法

供应商选择的一个主要工作就是调查、收集有关供应商的生产运作等全方位信息。在收集供应商信息的基础上，就可以利用一定的工具和技术方法进行对供应商的评价。在评价过程之后，有一个决策点，即根据一定的技术方法选择供应商。如果选择成功，则开始实施供应链合作关系，如果没有合适的供应商可选，则需重新开始评价选择。这里我们采用因素分析法对供应源进行评价。

1. 潜在供应源评价

在评价潜在供应源时，使用试订货法能全面测试供应商各方面的能力。虽然这种方法有普遍的实用性，但仍然存在一个问题，即是否向某个供应源订货。即使某个供应商完成了试订货，从长期来看，他仍然有可能成不了供应源。因此，在评价潜在供应源时，需要回答两个问题：该供应源有能力满足采购方的长期和短期需求吗？该供应商能积极地以采购方期望的方式来满足其短期需求吗？我们在对潜在供应源评价时，考虑到在全球采购环境下，国际采购涉及国界、地理位置等问题，主要从供应源的总体环境、经营管理、质量保证、制造能力、物流与采购、客户支持、合作伙伴等七个因素来综合分析。下面以一个供应源评价案例来说明。

假设现有三个潜在供应源 A、B、C，某企业拟选择一个 发展成为供应商。

第一步，对潜在供应源单一项目（总体环境）逐一进行评价。在对总体环境评价时，主要选择经营环境、财务状况、公司发展、合作情况、生产人员状况五个因素进行分析。我们在选择了这些用于评价的因素后，还可以选择分级和重要性尺度。

第二步，对潜在供应源各个因素进行综合分析。

第三步，对供应源进行比较、推荐。按照上述方法，将各个潜在供应源进行评价后，根据各分项要素计算出各个供应源得到的总分值，按分值进行排序，得分高者即为可供选择的供应源。如果企业为了对关键供应源进行持续跟踪控制，也可按总分进行管理。如总分也可分为 5 个分数段（1 ~ 5 分区间）。如 3.50 分以上为体系合格供应源；3.00 分以下为体系不合格供应源；3.49 ~ 2.99 分为需讨论视具体情况再定的持续考核供应源。合格的供应源进入公司级的潜在供应源维护体系。体系的关键在于各个指标的权重设置，各企业要找到一个适当值。例如，质量保证阶段可以相应提高第二项（产品/过程质量控制）的比重，也可将其分解为产品质量控制、过程质量控制两项分别进行评价。这种方法在同时管理几个供应源时很有用，既反映了实际情况，又给自己留有余地，始终掌握主动权。

2. 现有供应源评价

现有供应商是早就通过了供应商甄别程序，并接受过一次以上订货的供应商。由于与现有供应商发生过商务往来，对其主要保持监督控制，看其是否能达到预期绩效。现有供应源的评价可以在交付订货的过程中，追踪并检查质量、数量、价格、交付、服务等方面，看其是否能令自己满意。对取得良好记录的现有供应源可以继续使用，对评价结果一般或不令人满意的现有供应源，如果没有改进的可能性，则需考虑淘汰后重新选择供应源。

对现有供应源可以采取多因素评价与分级的方法。正式的供应商分级方案大多长期追踪实际运作过程，并随时根据需要加以改进。到下一次发放订单的时候，从历史纪录就可以看出是否需要再次考虑同一个供应商。我们从价格、经营管理、交付、产品可靠性、产品柔性、质量、订货、服务等因素对供应源加以评价。总之，对供应源的评价在操作中要求流程透明化和操作公开化；所有流程的建立、修订和发布都通过一定的控制程序进行，保证相对的稳定性；评价指标尽可能量化，以减少主观干扰因素。

（六）供应链分销网络规划

随着市场全球化的趋势以及跨国销售的发展，分销渠道规划问题是大型分销企业面临的最重要的决策之一。大型分销企业必须为地理上分散的众多零售商提供产品和相关的服务。为了加快反应速度，增强整体竞争优势，大型分销企业往往建立多个分销中心来满足需求。每个零售商可选择多个分销中心为其服务，每个分销中心也可为多个零售商提供服务。分销网络就是产品从制造商向消费者传递过程中所经过的中间环节联结起来的通道。Ereng 等将网络设计归为战略决策问题，网络设计也是战略设计中最复杂的设计问题，它需要对整条供应链的长期有效运行进行优化。分销网络设计是供应链系统优化设计中重要的组成部分，设施决策范畴，属于包括生产、储存或运输相关设施的区位及每样设备的容量和作用，主要确定的内容如下。

1. 设施功能

每一设施有何作用？在每一设施中将进行哪些流程？在制定决策时应明确，所有网络设计决策都是相互影响的。有关每一设施作用的决策事关重大，因为它们决定了分销网络在满足用户需求的灵活性的大小。

2. 设施区位

设施应布局何处？设施区位决策对分销网络的运营有着长期的影响，废弃或迁移一个设施代价是十分昂贵的。因此，管理者必须对其分销网络的区位有各方面的长远考虑。好的区位能够帮助企业在较低成本下保证分销网络的运营。相反，设施决策的失误将给分销网络的运营带来很大困难。

3. 容量配置

每一设施应配置多大容量？容量配置决策在分销网络运营中同样至关重要，尽管容量配置比区位容易改变，但一般来说几年内容量决策不会变化。在一个区位配置过高的容量会导致设施利用率低下，成本过高。相反，在一个区位配置过低的容量会导致对需求反应能力过低或成本过高。

4. 市场和供给配置

每一设施应服务于哪些市场？每一设施由哪些供给源供货？设施的供应源及市场配置对分销网络运营有重大作用，因为它影响整条供应链为满足用户需求所引发的研发、生产及运输的成本。该决策应当合理论证、反复研究，这样其配置就会随市场或工厂容量的变化而变化。

设计分销网络模式，主要解决如何发掘企业产品到达目标市场的最佳途径问题。所谓"最佳"的概念，一般指的是经济效益的衡量结果，即如何以最低的成本与费用通过适当的渠道，把产品适时地送到企业既定的目标市场上去。但在不同的情况下，具体的产品分销网络模式的选择，首先应考虑企业市场营销组合的需要和预期目标，设计出相应的分销网络。

（七）分销网络模式设计考虑因素

在进行具体的分销网络模式设计时，必须考虑如下因素。

1. 经济效益情况

就是要比较采用何种分销渠道网络取得的经济效益大。如果不利用中间商取得的经济效益更大，就采用直接销售的分销渠道。反之，如利用中间商取得的经济效益更大，就采用间接销售的分销渠道网络。尽力扩大分销渠道网络成员，以利于企业产品扩散流通。采用哪一种分销渠道的效益最大，要做具体分析。既要分析生产企业本身销售的情况，如预计销售量、销售费用、销售价格及预期利润等，也要分析中间商销售的状况，从而分析比较生产企业获得利润的多少和分销网络成员获利的多少。如果生产企业自己销售产品可以获得较大利润时，即可以采用直销的方式；当利用分销网络销售产品可以获得较多利润时，而且分销商也可从中获得适当利润时，就可以采用间接销售的方式。当然，采用间接分销方式时，只考虑生产企业的获利是行不通的。如果分销网络成员得不到适当的利润，是不会为生产企业从事产品分销工作的，更不可能结成战略同盟。

2. 顾客特性

企业分销网络模式的设计在很大程度上受到顾客特性的影响，特别是在全球消费的市场环境下，这种特性更加明显。如果企业尽力要进入一个大规模的或者顾客人口分布很广的市场时，就需要设计一条较长的分销渠道。如果顾客的购买量小，购买次数多，分销渠道就要短些，因为要满足少量而频繁的订货，企业的销售成本就会比较高。企业生产的产品总是满足特定用户需要的，所以企业一般也就有个人消费者市场和产业市场之分。不同的顾客有着本质上截然不同的需求，数量上也千差万别，所以，企业设计选择分销网络，必须考虑顾客特性。

3. 产品特性

企业所生产经营的产品是为了满足顾客需求的，这就使得产品的物理性质、化学性质各不相同，产品特性差异很大。为此要选择适合的分销模式，才有利于产品销售。一般来讲，物理性质不稳定的易腐商品要求较直接的分销，因为延迟销售可能会造成较大损失，如各种时令水果；体积庞大的产品，如建筑材料或者软饮料，则要求采用运输距离最短的分销模式，使产品在从生产者向消费者移动的过程中搬运次数最少；对于非标准化产品，如顾客定制的机器设备等则由企业销售部门直接销售，因为中间商缺乏必要的知识；需要安装或长期服务的产品通常也由企业或者独家代理商经销；单位价值高的产品一般由企业销售人员直接销售，尽量减少中间商。

4. 中间商特性

分销网络中不同类型的中介机构在执行分销任务时具有各自的优势和劣势。换句话说，中间商因其从事促销、谈判、储存、交际和信用诸方面的能力不同，而使得中间商既有长处，又有不足。企业要注意充分利用中间商的长处而避免其不足之处的干扰。

5. 竞争特性

有市场活动就有竞争存在，在全球供应链的大环境下，竞争空前激烈、复杂。分销网络及模式的选择要受到竞争对手使用的分销网络的制约。生产者可能要进入或接近经营竞争产品的销售网点，如食品商常将其产品紧挨着竞争产品的地方展示；而在另一些行业，生产者则希望避开竞争者所使用的渠道。

6. 公司特性

公司的特性在选择分销网络模式时也起着重要作用。企业的规模决定了它的市场规模及其得到所需的分销商的能力，企业的财务资源决定了它能够承担何种营销职能以及中介机构要承担哪些营销职能等。此外，企业的特性还决定了企业的产品组合、营销战略等。

在全球供应链环境下，企业只有与其分销商结成分销联盟，树立双赢观念，才能在全球竞争中取胜。分销联盟网络就是产品从制造者手中转至消费者手中所经过的各个中间商连接起来形成的供应链网络通道，它由位于起点的生产者和位于终点的消费者（包括产业市场的用户）以及位于两者之间的各类中间商和利益相关组织组成的网络组织结构，分销联盟网是商品分销的载体，也是整个供应链系统的重要增值环节。

分销联盟网管理是指为满足目标顾客的需求，通过传统分销渠道创新，渠道成员通过战略联盟方式，建立在制造商和销售商共同价值链基础上的一种集成式的物流渠道管理思路和产销联盟的经营管理模式。分销联盟网和营销分销联盟链网管理采取顾客拉动与企业推动相结合的方式，对于成熟产品，市场需求比较稳定，这时需求是已知的、确定的，企业生产和销售行为是对顾客实际需求的实时反映；而对于创新性产品，市场需求是高度未知的，供应链企业根据一定的预测与估计方法，采用推拉并重的模式。

分销联盟的特征有如下几点。

一是动态调整性。分销联盟网构建要与国际物流与 SCM 的特点相适应，国际物流的一个突出特点是动态性强。分销联盟网存在的目的是要满足物流服务的目标即高服务质量、低成本。而顾客的需求不断变化，物流环境不断改变，迫使企业的分销联盟网络结构也要不断地调整，才能适应和满足这种变化。

二是全面创新。企业内部条件和外部环境的变化促使企业要不断进行分销联盟网络的创新。创新内容包括信息技术创新、管理制度创新、客户管理方法创新、组织模式创新等方面。只有对传统的分销模式持续全面的创新，才能适应现代竞争需求，不断满足日益多样化的顾客需求，才能使分销联盟网具有持续的全球竞争力。

三是渠道整合。国际物流理论强调供应链系统整体最优化，为了使物流渠道成员获得更高的价值，获取更高的渠道效率，就应对传统的渠道进行重新设计和流程再造，即渠道资源整合，它也是一项战略措施。对制造企业而言，渠道整合体现在两个方面：一是对企业内部资源的整合；二是对企业外部物流资源的整合，目的是为渠道成员创造更多的价值。

四是信息共享。这是分销渠道联盟区别于传统分销渠道观念的重要特征之一。分销联盟网的运行效率取决于信息共享程度。信息共享是分销联盟网运行的前提基础，只有进行信息共享才能及时把握终端顾客的实际需求，才能对市场需求做出准确反映。

五是战略联盟。战略联盟是指两个以上的组织之间为实现某一战略目标而建立起来的合作性利益共同体。常规的分销渠道成员通常为了自身利益各自为政，损失了供需系统总体效率和长期利益。分销联盟网成员为了建立持久的竞争优势，降低总体运行成本，树立差异化形象，需要通过战略联盟的方式，相互信任、激励、信息共享，共同提高链网进入壁垒，共同努力塑造分销联盟链网的整体竞争力。宝洁与沃尔玛建立的分销链网战略联盟体系充分证明了现代分销联盟链网的这一特征。

只有按照合理的规划步骤，才能使规划内容具有可操作性。分销联盟网络的规划步骤如下。

第一步是分销联盟网的现状分析。分析当前分销联盟链网结构是否满足细分市场的需求，每个分销链是否与总体战略相符合，现有结构能否适应新市场、新技术发展的挑战等。

第二步是竞争对手分销联盟网的分析。对手分销链网的结构形式、发展现状、优势、劣势、发展趋势、战略匹配程度、可树为自己标杆之处等。

第三步是制定新分销联盟网规划方案。规划范围包括分销网点选择、配送线路确定、订单处理、质量担保、顾客服务和顾客情报、促销等方面，企业需要制定被选方案，以尽可能低的成本满足不同层次的需求。

第四步是评价、选择新的分销联盟网的规划与设计方案。这要从商品分销成本、收益、行业约束、组织文化、消费群体、风险性、成长性、战略匹配性等方面，对各个规划方案进行全面评估，综合权衡，选择优秀的规划方案。

在分销联盟的实施过程中应该逐步制定一种约束机制、一种规范，保证联盟成员都能够以理性的态度、前瞻性的眼光来看待各方目前的地位与未来的发展趋势。各方本身在相互间交易过程中形成的约束机制，使得他们站在分销联盟共同利益基础上进行合作。

由于分销网络对一个大的公司而言非常重要，所以在这方面的研究有着很强的实际意义。Van Roy 探讨过多层生产及销售网络。Brown 探讨过多产品的销售网络。Holmberg 考虑了非线性运输费用的选址问题，并用分枝定界法进行了求解。Owen 考虑了设施选址问题的动态特性和需求的随机变动性，建立了动态选址模型和随机选址模型。赵晓煜等也研究了供应链分销网络设计的优化模型，但是模型为单层规划，不能反映用户对网络的选择行为，只能从网络规划人员的角度出发来优化设计系统，也就是不考虑网络使用者的态度，这样就不能完全保证网络功能的充分发挥。孙会君、高自有建立了双层规划模型对二级分销网络进行优化，考虑了企业自身的利益，还考虑了客户的选择行为，使每个客户的费用最小。模型虽然考虑了企业和客户双方的利益，但是任何产品的需求都是有弹性的，即客户对产品的需求不是固定不变的，而是随价格的变动而变动。因此在决策过程中要充分考虑分销中心选址、产品调运量及产品的定价等多个问题。由于双层规划问题是一个 NPHard 问题，因此双层规划问题的求解是非常复杂的，精确算法求解并不适宜。在目前的众多启发式算法中，遗传算法是求解双层规划比较理想的方法之一。

（八）供应链物流规划

全球供应链是一个庞大复杂的网络系统，电子商务的迅速发展为开展全球供应链业务创造了条件，但是供应链涉及信息流、商流、资金流和物流等多个方面，有了电子商务可以方便地解决商流问题，但是完整的交易离不开物流的辅助。因此，供应链系统的物流规划是供应链系统规划的一个重要方面。在供应链系统采购规划、分销规划等方面我们也都涉及了物流规划，这里我们就供应链物流规划给出详细的介绍。

供应链物流规划关注原材料、部件、在制品和产成品的物流，确保公司客户在正确的时间、正确的位置收到正确数量的产成品。供应链可以描述没有制造作业的公司，如零售店或第三方物流提供商，也可以描述具有制造部门的大公司的一个负责将公司产品或其他公司产品配送到市场的部门。

1. 物流规划的框架

实施全球供应链管理策略以后，公司的高级管理者已经渐渐认识到物流对公司战略的重要性。物流运作的改进无疑要归功于 IT 的进展，IT 已经促进了配送功能的实现和建模系统的使用。一些公司已经认识到这种改进的潜力，这些公司已经从中建立了价值优势。沃尔玛公司在大众销售行业的成功是一个经常提及的例子。公司达到优质的客户服务，这是给人深刻印象的市场份额导致的结果，是通过与管理完善的补充库存过程相结合的具有创新性的物流运作的实现来达到的。

物流规划框架的结构元素必须包括仓库运作、运输管理和材料管理等与执行战略有关的结构决策功能元素，并要求将它们集成起来。仓库运作、运输管理和材料管理在整个网络中管理物流和库存，与系统决策和结构决策相联系。同时，任何战略规划研究必须考虑战略与功能运作之间的互动。框架最终层次的实现包括支持和执行战略的人员、业务流程和 IT。对成功执行物流规划至关重要的是订单管理和订单补充流程的创建及其一体化。实现可能是物流战略构建最困难的方面，在很大程度上是由于 IT 和全球市场的快速变化，这要求持续不断地适应。

在布置企业物流规划时，管理层必须挑战自我，以识别更广范围的选择。基于情景，分析、识别公司的优势、弱点、机会和威胁的方法，以及适当的资源收购和处置决策，必要的规划流程应该制度化以使它们按年度或一些其他周期重复进行。一旦企业的战略目标已经表述清楚，它必须识别实现其战略的结构元素，即其网络设计和网络战略。网络或渠道设计关心的是达到客户服务目标的作业和功能，以及供应链中不同的参与者如何执行它们。它包括配送商在何种程度上管理诸如市场营销、销售、发货和记账等功能的决策。市场份额和规模常常决定了相关成本，同时也决定了公司拥有和运作的直接配送渠道及与第三方共享或由第三方运行的渠道的价值。这样的决策也应该考虑市场和公司市场份额预期的长期变化。如果预期市场份额增长，应该考虑在直接配送渠道上投资而不是与第三方合作来加速增长。

2. 物流规划的优化模型

物流网络规划关注的是通过最优化模型以一体化的方式进行完全评价的物流网络决策。此决策的关键部分包括设施的选址及其任务设计，以及使用这些设施为客户服务的战略。设施是指公司在全球范围或地区的配送中心和仓库，以及供应商工厂或配送中心和客户设施。客户设施可以是工厂、配送中心或商店。近年来，基于最优化模型的供应链规划的研究日益增加。公司的高级经理们更加坚持用数据来理解他们公司和行业的动态变化，更加清楚模型在分析重大决策中所扮演的角色。许多情况下，顾问被请来用现成的建模系统实现模型，他们也帮助管理层评价和实现模型给出的战略方向。通过在企业内部安装建模系统，以及将技术转移给内部规划组，顾问可以在初始研究结束后继续为公司分析重要的、未决问题，或者，顾问可以定期回来检查和扩展公司战略供应链规划。

构建模型的目的在于加强和扩展公司的市场、产品、配送渠道和许多其他因素的管理判断。通过引入战略分析的供应链决策数据库，模型强调数据收集和描述性建模活动，这是有见地的和智能的战略规划管理得以实现的前提条件。

我们从讨论如何在物流网络模型中表达客户服务要求开始。这些要求，如不同市场细分的最大发货时间、直接到商店的发货和单一采购等，可以在供应链模型的运输子网络中明确地加以表达。最大发货时间用限制连接配送中心到它服务的市场的运输弧线允许的最大距离来刻画。直接到商店的发货对应于公司供应商与其商店之间的连接。这些连接的运输成本将在很大程度上决定它们在最优解中是否被选择取为正的物流。单一采购用 0-1 决策变量来描述，这些变量决定每一客户或市场是否由一特定配送中心来服务。

类似地，渠道设计选择也可以用物流网络模型来评价。它们的明确形式依赖于选择的本质，举例而言，考虑运作几个仓库的第三方物流供应商，它提供从这些仓库到附近市场的运输。我们假设这是个一年期的选择，并且物流网络模型描绘了公司物流网络一年期的快照视图。第三方仓库和适当的运输连接将被包括进模型的决策数据库。

意向的选定或拒绝可以用 0-1 决策变量在物流网络模型中加以表达，0-1 变量控制了第三方仓库的吞吐量，即如果模型优化器变量取 1 的话，则每一仓库的吞吐量将允许最高取一个合同的或实际的最大值，而如果变量被选择为 0 的话，吞吐量将被迫取 0。在后一种情况下，第三方仓库流出的物流也将被迫为 0，因为那里的吞吐量必须是 0。模型也包括意向的成本细节，如仓储和运输成本，两者都可能有带数量折扣的固定和可变成本。

一般而言，物流网络模型可能涉及各种关于设施及其功能运作的 0-1 决策及其他相关决策，包括如下一些情况：

①哪一处现有设施应该开动或扩张？

②哪一处现有设施应该关闭？

③哪一处新设施应该以多大的吞吐能力开动？

④每一设施的任务是什么（例如，它处理和 / 或仓储哪一种产品）？

⑤每一设施处为了支持其任务需要什么设备（例如，物流分类设备、运输设备、冷冻储存区）？

⑥每一客户或市场将由哪处或哪一些设施来服务？

⑦每设施将由哪些供应商来补充？

模型可能包括基于 0-1 决策变量的附加逻辑约束，它们反映了公司对物流战略的灵活性和风险的管理判断。例如，为了应对可能高涨的需求，可以加上约束迫使每一地理区域所有开工设施的总吞吐能力比预期需求高 25%，或者可以加上约束，限制任何开工设施和离它最近的开工设施之间的距离不超过 50 公里以规避意外设施故障的风险。

以上讨论的规划决策关心的是物流网络的结构。为了评价战略，我们需要加上反映网络功能管理所涉及的作业、流程、资源、运输物流和成本的决策变量。而且我们必须将它们同描述结构选择的决策变量和约束联系起来。运输管理在物流网络模型中通过下面三个运输子模型来表达：

①连接供应商和供应链设施的内部运输子模型；

②连接设施和设施的设施间运输子模型；

③连接设施和客户及市场的外部运输子模型。

这些物流网络模型也可以包括有关运输模式选择的选项。这一选择可以在连接公司配送中心及其市场的卡车或铁路运输之间进行选择，也可以是在满载和不足满载运输之间的选择，其中后者将导致较高的单位成本。最优化模型中模式选择的决策必须小心，因为它很容易导致一个复杂的混合整数规划模型。

材料管理功能与跨越整个供应链的作业有关。这可能包括关于允许的设施间运输或者每一产品系列由多少设施来承运的决策。一体化供应链管理的数据管理和建模系统的开发是材料管理和信息技术功能的共同责任。

（九）信息系统规划

全球供应链是复杂的网络系统，影响因素多，涉及范围广，各个环节的处理要求各不相同，需要使用各式各样的信息系统来辅助管理，如采购信息系统、供应商管理系统、原材料供应物流系统、企业资源规划系统等。

供应链信息系统规划是企业制定长期的供应链信息技术应用计划以确保企业实现其战略目标的过程，是认识、选择和确定供应链信息系统技术战略机会的过程，它是企业供应链系统规划中极其重要的部分。

供应链信息系统规划的目的是改善与供应商和用户的交流，增强对企业物流和供应链管理决策层的支持，更好地预测物流供给与需求，更好地进行供应链系统内资源配置，为供应链信息技术的应用提供更多的战略机会，找到更多的供应链信息技术应用功能，发现更多的战略机会。

1. 进行供应链信息系统规划的供应链基础

一是是供应链信息技术。面向现代信息技术的供应链信息系统规划能够帮助和促进企业供应链管理计划的制定与实施。

二是供应链的发展战略。企业必须有完整的公司战略规划或供应链战略规划。没有完整的供应链战略规划，没有明确的目标和实现这些目标的措施，供应链战略信息系统规划将无法进行。

三是物流业务战略。企业高层管理者必须明确界定和阐述企业的运输、配送、仓储等业务战略，并将企业的各种业务战略与供应链信息系统规划相联系，从而制定适合企业物流业务战略的供应链信息系统规划。

四是循序渐进。供应链信息系统规划是一个循序渐进的工作过程，不应该急于求成，更不可能一蹴而就，应根据核心企业与参与组织的人、财、信息技术应用等方面实际情况合理安排部署。

五是专业人才培养。供应链信息系统规划不仅需要具有供应链信息技术知识，也需要具有物流及供应链管理知识和供应链系统规划、实施、监控等供应链知识的复合型供应链管理专业人才。

2. 供应链信息系统规划方法

供应链信息系统规划方法的选择是企业信息系统规划的一个关键问题。许多企业都采用了某种特定的方法作为供应链信息系统规划的框架，像业务系统计划法（BSP）、关键成功因素法（CSF）、信息工程法（IE）等。这些方法或着眼于组织信息需求，或强调建立与企业业务战略的联系。尽管很难确定哪一种方法具有更大的优越性，但是我们却比较容易做到根据特定的需求目的选择更为适合的规划方法。这里我们结合供应链系统规划的相关理论，给出供应链信息系统规划的基本步骤。

第一步，确定规划范围、组织结构和相关人员。确定规划的范围和方法；确定关键的规划问题；明确组织机构和人员；争取企业高层管理者的理解、支持与参与。

第二步，分析和评价整个供应链发展战略和竞争环境，评估供应链系统内部状况。明确供应链上各个企业的各种经营战略和竞争环境，识别环境的影响；定义供应链信息需求；评价已存在的信息系统；分析评价已存在系统及其管理部门的工作情况；评价各企业目前的技术实力和能力。

第三步，识别供应链系统内各企业利用信息系统技术的机会。分析供应链信息技术的发展趋势；确定供应链信息需求；明确主要供应链信息系统技术的应用目的；识别改进机会。

第四步，确定供应链信息系统技术战略。明确供应链信息系统技术战略；进行概念设计；对各个项目排列优先次序；与供应链内各企业的主要管理者进行讨论。

第五步，制订供应链系统发展计划。确定实现供应链转变的途径；制订人力资源计划；确定阶段性目标。

第六步，制订数据应用计划和技术计划。定义数据和应用领域；明确开发和维护方法；制订开发和应用计划，确定技术框架；制订技术计划：制订培训计划。

第七步，制订供应链信息系统行动计划。制订扩充计划；制订供应链信息系统行动计划：批准和启动供应链信息系统行动计划。

第八步，项目确定和付诸实施。将确定的供应链信息系统规划赋予实际的实施过程。

3. 供应链信息系统规划示例

我们以供应链中的物流外包为例来说明供应链信息系统规划的过程。物流外包关系特点从数据、安全、通信等多个角度对信息支持系统提出了特殊的要求。多代理信息支持系统（Multi-agent Information Support System）通过多个代理之间的相互协调实现物流外包双方间信息的"无缝"链接，对跨组织物流运作提供信息支持。之所以选用多代理技术构建信息系统，这是因为：①多代理系统主要研究分布式环境下的多个代理间的协调与合作，这与物流外包各参与方实现信息共享问题的求解环境相似；②多代理系统中的各代理的独立自主性、自治性等特征符合外包中各参与方内部独立的要求；③代理间的交互研究成果为物流外包各参与方间的信息交互与共享提供了支持工具，利用 KQML、FIPA、ACL 等代理通信语言可以实现一致的信息互操作，屏蔽各参与方系统软硬件的异构性。

基于多代理的物流外包信息支持系统是一个开放式、集成化的计算组件，它提供了一个支持企业在分布、异构环境下完整的、自动的、通用的物流解决方案。在系统中，物流外包中的每一个参与方都具有相同的结构，包括对象请求代理系统、工作流管理系统、应用对象管理和企业资源管理四个部分。

对象请求代理系统通过智能代理负责与其他各方的信息交互，通过将物流外包中涉及的各企业连接起来，以提供支持物流外包的信息系统。工作流管理系统推动各方内部的工作流程，并与其他单元内的工作流管理系统协作管理控制整个物流外包中的过程流。应用对象管理是实现企业内各具体业务操作的实际功能单元，负责完成企业在物流外包过程中必须完成的各项工作。企业资源管理则对工作流管理和应用对象管理中需要的资源进行调度、管理与优化。一般可根据企业资源与相关具体业务的密切程度，将其分为业务核心资源、外包公共资源和企业公共资源三类。

物流外包各参与方间的信息传递和共享主要通过 Agent 之间的通信来实现，这是物流业务各主体进行协作的基础。当前应用较多的通信方法是黑板系统，它是传统人工智能系统和专家系统在议事日程上的扩充，通过使用适当的结构支持分布式问题求解。在多 Agent 系统中，黑板提供公共工作区，Agent 可以在此交换信息、数据和知识。首先，由一个 Agent 在黑板上写入信息项，然后可为系统中其他 Agent 使用，Agent 可以在任何时候访问黑板。来在该系统中，功能主要有两个：①业务协调。通过提供网络通信服务的应用程序，实现包括物流业务名称、业务内容匹配、相关信息的转发、翻译和调节等。②业务实施。主要指完成具体物流业务的流程设计、资源分配、人员安排及相关的任务。

在每个物流外包参与方 Agent 中，都含有一个控制器、路由器、KQML 解释器、推理机、应用程序等控件。其中路由器负责提供灵活的网络连接，管理代理间的并发通信。控制器主要功能是对运行的代理给予总的控制，对代理的运行状态进行监控。KQML 解释器主要分析与处理 KQML 原语，并进行应答。由 KQML 消息库存储代理收/发的 KQML 消息，其属性包括 KQML 行为原语、关键字和收/发时间等。推理机则根据知识库和黑板结构的内容进行逻辑推理，并触发应用程序完成相应的任务。知识库存储各代理的节点名、任务名、分解状态、运行状态和相应任务的完成状态等信息。应用程序通过数据访问端口实现对数据库的访问，并借助算法库对物流业务进行流程设计、资源分配、人员安排等。算法库中存储有关资源、人员、流程等调用规则，数据库则存储需要处理和已经处理的物流业务及其相关数据。

物流外包参与方 Agent 的通信机制可以采用消息/对话形式。在面向消息的 Agent 中，传送或申请特定消息的 Agent 为发送者，接受或对信息进行处理的 Agent 为接受者。采用 KQML 规范作为代理间的通信语言，实现基于 Internet/Intranet 的信息交互。物流活动涉及面广，需要对多个参与方进行资源整合和活动安排，因此在物流外包中，需要通过制定相应的规则对多个 Agent 进行调度。

在物流信息支持系统中，Agent 的程序代码可分为代码文件和资源文件两个部分。其中代码文件是 Agent 的控制机构，包括感应器、效应器、管理器、通信组件等，是可执行文件。而资源文件按其具体内容和功能又可分为两种：数据文件和规则文件。

数据文件中存放了 Agent 运行时所需的各种数据信息，如需要完成的任务及参数、运行状态（如执行的中间结果）、最终执行结果等。规则库中存放物流外包过程中涉及的各种规则文件，包括 Agent 之间的协调规则、与特定物流活动相关的应用规则、特定领域的商业规则等。物流业务资源和计划安排可根据其在运行过程中获得的相关参数进行动态调整。

在基于多 Agent 的物流外包信息支持系统中，一个物流业务的运作在执行的过程中需要和多个 Agent 进行协调配合。因此，需要定义各物流业务的优先规则，以便决定在与其他 Agent 进行协调时的先后顺序。另外，在分散的网络环境下，基于 Agent 的物流外包信息支持系统中的各协调规则需要通过相应的信息通道进行触发并响应。

当某物流外包参与方 Agent 接收到来自其他 Agent 发送或者请求的信息后，由该 Agent 的控制器将 Agent 激活，即由静止状态激活为就绪状态。如果发送或者请求的信息是串行的，运行状态的 Agent 就调用 KQML 解释器、推理机对应用程序进行触发。如果发送或者请求的信息是并行的，一般可以根据算法库中资源、人员、流程等调用规则，对同时发送的多个 Agent 进行排序，按照排序结果依次激活各信息。

四、全球供应链系统仿真

系统仿真是通过建立仿真模型，在计算机上再现真实系统，并模拟真实系统的运行过程而得到系统解的研究方法。作为分析评价现有系统运行状态或设计优化未来系统性能与功能的一种技术手段，它通过运行具体的仿真模型和对计算机输出信息的分析，实现对实际系统运行状态和变化规律的综合评估和预测，进而实现对真实系统设计与结构的改善或优化。

供应链管理强调的是供应链上各企业及其活动的整体集成，从而可以更好地协调供应链上物流、信息流、资金流，最终使整个供应链上企业效益最大化。近年来，研究人员不断引入各种新的数学方法来解决供应链管理问题。然而，采用数学方法所作的假设往往简单化、理想化，难以考虑系统结构中存在的各种复杂因素。随机性是导致供应链管理复杂的重要原因。系统仿真作为解决复杂系统分析和不确定性问题的有效工具，是研究供应链的有效方法。供应链仿真就是通过建立仿真模型，在计算机上模拟供应链系统的运行过程，从而为研究及决策提供支持。

（一）建模与仿真

建模与仿真是指构造现实世界实际系统的模型和在计算机上进行仿真的有关复杂活动，它主要包括实际系统、模型和计算机等三个基本部分，同时考虑三个基本部分之间的关系，即建模关系和仿真关系。

建模关系主要研究实际系统与模型之间的关系。它通过对实际系统的观测和检测，在忽略次要因素及不可检测变量的基础上，用数学的方法进行描述，从而获得实际系统的简化近似模型。仿真关系主要研究计算机的程序实现与模型之间的关系，其程序能为计算机所接受并在计算机上运行。

（二）建模方法

供应链是一个复杂的网络系统，有许多理论可以作为指导建模的理论基础。目前，应用较多的供应链仿真建模方法有基于方程的建模方法、基于离散事件仿真的建模方法、基于多 Agent 系统的建模、供应链运行参考模型、基于 Petri 网的建模。

1. 基于方程的建模方法（Equation based Modeling Methods）

基于方程的方法主要是采用系统动力学的方法。系统动力学是美国麻省理工学院的系统动力学小组在 20 世纪 50 年代创立和发展起来的一门学科。经历了由"工业动力学""城市动力学""世界动力学""系统动力学"的过渡。基于系统动力学仿真的基本生产分销系统模型最初是由 Forrester 提出的，后来 Sterman 和 Baik 对模型进行了扩展。

2. 基于离散事件仿真的建模方法（Discrete Event Simulation based Modeling Methods）

对供应链仿真的研究主要是利用离散事件仿真，并综合利用运筹学、统计学等优化及建模技术，重点解决供应链系统中供应链设计、位置决策、库存管理决策等战略决策问题；普遍采用可重用的模块化设计，利用图形过程建模方法建立系统模型，在增强系统柔性的同时，降低用户使用仿真器的复杂度。

3. 基于多 Agent 系统的建模方法（Multi-Agent Simulation based Modeling Methods）

Agent 作为分布式人工智能的一种概念模型，是指具有自己行为、目标和知识，并在一定的环境下自主运行的实体。随着人工智能以及智能主体（即 Agent）技术的发展，利用具有一定自主推理、自主决策能力的多智能主体以及由其组成的多智能主体系统用来仿真、优化、实施、控制企业供应链的运行，已成为研究和实施供应链管理的重要方法之一。多个 Agent 通过协调机制构成的多 Agent 系统，使具有不同目标的多个 Agent 对其目标、资源等进行合理安排，以协调各自行为，最大限度地实现各自目标，并合作完成共同目标。

4. 供应链运行参考模型（SCOR）

SCOR 模型是由供应链委员会建立的，提供了考察和分析供应链的标准方法学。SCOR 提供一种语言，使公司内和公司外的供应链合作伙伴可以进行通信。

SCOR 的覆盖范围是与所有客户的交互；从订单到付款发票等；从供应商的供应

商到客户的所有物流传运；与所有的市场交互；从总体需求的了解到每个订单的实行。

SCOR不能覆盖的范围是销售管理和基础设施过程；技术开发过程；生产和流程设计和开发过程；交付客户后的运作，包括技术支持过程等。

5. 基于 Petri 网的建模

Petri网作为一种形式化的建模方法，具有很强的抽象性和准确性，既可用于静态的结构分析，又可用于动态的行为分析。Petri网建模的基本原理就是用"库所"和"变迁"来描述系统资源的存放场所和变化，它用图形表示组合模型，具有直观、易懂、易用的优点，易于理解和接受，但不具有主动性和智能性。

（三）仿真技术在供应链中的应用

供应链系统是一个复杂系统，由于其不确定环境及动态变化的特点，一般的理论分析和数学模型难于对其深入研究。而仿真技术是针对不确定性离散事件系统的有效分析技术，可以采用仿真作为企业面向供应链管理的库存控制的支持技术，仿真模型能够描述各种复杂的动态系统，再现系统的运行状态，分析和处理各种复杂问题。仿真模型研究的内容就是抽象出供应链系统中的实体、属性、活动，描述系统的状态变化过程。

目前，仿真已经应用在许多与库存控制相关的研究领域中，如企业供应链参考模型的研究，离散—连续模型与离散模型对分析供应链库存水平的影响研究，多阶库存模型应用的适应性研究等。意大利一个牛奶制品制造厂也用仿真技术对其生产、库存系统进行了分析研究，优化了牛奶采购和两种主要奶酪产品的库存控制。另外关于某些特点的库存问题的控制策略的研究也开始借用仿真方法。仿真技术正越来越多地应用到供应链库存管理领域来。

基于多Agent概念的供应链仿真技术，以其具有的自主性、交互性、反应性和主动性的特点，为建立供应链协调仿真模型提供了有效的方法。为了提高供应链的运作效率，各个成员以协调方式工作，在协调基础上制定各种计划和做出正确决策。分布式供应链仿真可以在一定程度上解决供应链协调问题，但其仿真成员不具有主动性和自主性，是被动的实体。MAS强调分布式自主决策，强调各个智能主体之间协作解决问题的能力，这些特点正好契合于企业供应链在实际运行中所表现出来的自治性、分布性、并行性、弱耦合性的特征。

离散系统仿真作为解决不确定性问题的有效工具，在解决供应链问题时有以下优点：可以帮助了解整个供应链的运行过程和特性；能够掌握供应链运作过程中的动态行为；通过"What-if"分析，可以在供应链运行之前，对各种可能的方案进行评估和比较，以减小风险。

供应链仿真建模的关键问题是仿真模型能解释和描述系统运行时的各种不确定因素，使模型在运行过程中能表现系统的动态行为。通常在模型中处理不确定性是使用随机变量的概率分布，建立供应链的概率模型，或在数据不足的情况下，采用不精确语言进行描述。离散系统仿真对随机、动态复杂系统的建模和运行实验，具有很好的适应性。

第三节　数字供应链管理方法

在世界经济全球化大趋势下，企业生存环境发生了巨大变化，市场的复杂性和不确定性增加，用户需求层次升级和需求结构多样化，产品生命周期越来越短，竞争日趋激烈。与此同时，现代信息技术有了迅速发展。

总之全球供应链管理通过利用现代各种信息技术手段，对业务流程进行改造和集成，以及与供应商和客户建立协同的业务伙伴联盟，为企业实现内部资源和外部资源的有效控制、优化调配提供可能，从而大大提高企业的竞争力。下面我们就介绍一些与全球供应链管理相关的方法，以使企业在全球竞争范围内高效、高质地快速响应客户的个性化需求。

一、QR（快速反应）

快速反应（Quick Response，QR）是指供应链管理者所采取的一系列降低补给货物交货期的措施。当货物交付期缩短时，供应链管理者就可以提高他们的预测准确性，从而使供给与需求更加匹配，供应链利润也相应提高。也就是供应链企业面对多品种、小批量的买方市场，不是依托足量库存，而是准备各种"要素"，在用户提出需求时，能以最快的速度抽取"要素"，及时"组装"，提供所需服务或产品。与之对应的快速响应能力是指企业能够从社会系统中把握与其自身实力相称的、现实的、潜在的市场机会，迅速创新或改进产品（服务）、组织生产，快速提供符合客户对产品的品种规格、质量、价格、服务、时效性等方面要求，并具有市场竞争力的产品（服务）的一种整体能力。

（一）QR 的来源

QR 是美国纺织服务业发展起来的一种供应链管理方法。从 20 世纪 70 年代后期开始，美国纺织服装的进口急剧增加，到 20 世纪 80 年代初期，进口商品大约占到纺织服装行业总销售量的 40%。针对这种情况，美国纺织服装企业一方面要求政府和国会采取措施阻止纺织品的大量进口；另一方面进行设备投资来提高企业的生产率。但是，即使这样低成本进口纺织品的市场占有率仍在不断上升，而本地生产的纺织品市场占有率却在连续下降。为此一些主要的经销商成立了"用国货为荣委员会"，一方面通过媒体宣传国产纺织品的优点，采取共同的销售促进活动：另一方面，委托零售业咨询公司 Kurtsalmon 从事提高竞争力的调查。Kurtsalmon 在经过了大量充分的调查后指出，纺织品产业供应链全体的效率并不高。为此，Kurtsalmon 公司建议零售业者和纺织服装生产厂家合作，共享信息资源，建立一个快速反应系统（Quick Response）来实现销售额增长。它是美国零售商、服装制造商以及纺织品供应商开发的整体业务概念，目的是减少原材料到消费点的时间和整个供应链的库存，最大限度地提高供应链管理的运作效率。

（二）QR 的实施

随着竞争重点由成本向时间的转移，快速响应越来越受到人们重视，并逐渐应用到制造以及服务等行业。QR 实际上就是需求信息的获取尽量接近实时及最终用户，物流上的快速反应只是对需求信息反馈的结果。QR 系统的一个突出特点就是通过加速系统的处理时间，减少累积提前期（Total Lead Time），以降低库存，从而进一步减少反应时间，形成良性循环。美国学者布莱克本（Blackbum）在对美国纺织服务业研究的基础上，认为 QR 的成功需要具备 5 个前提条件：①改变传统经营方式、企业经营意识和组织结构；②开发和应用现代信息处理技术；③与供应链各方建立战略合作伙伴关系；④将商业信息与合作伙伴共享，要求供应链各方一起发现、分析和解决问题；⑤供应商缩短生产周期，降低商品库存。在具备了 5 个前提条件后，实施 QR 需要经过 6 个步骤，每一个步骤都需要以前一个步骤为基础，并比前一个步骤有更高的回报。

1. 安装使用条形码和 EDI

零售商首先必须使用条形码、POS 扫描和 EDI 等技术设备，以加快 POS 机收款速度，获得更准确的销售数据并使信息沟通更加通畅。当然也可以应用更为先进的信息技术来更准确地预测需求。

2. 自动补货

自动补货是一种利用销售信息、订单经由 EDI 连接合作伙伴的观念，合作伙伴之间必须有良好的互动关系，并且利用电子信息交换等方式提供信息给上下游。也就是说 CRP 是一种库存管理方案，是以掌控销售信息和库存量作为市场需求预测和库存补货的解决方法，由销售信息得到消费需求信息，供应商可以更有效地计划、更快速地反映市场变化和用户需求。

3.建立先进的补货联盟

为了保证补货业务的流畅，必须建立先进并且稳固的补货联盟。零售商和消费品制造商联合起来检查销售数据，制定关于未来需求的计划和预测，在保证有货和减少缺货的前提下降低库存水平，必要时可采取供应商管理库存（VMI）的方法。

4.进行零售空间管理

进行零售空间管理，主要指根据每个店铺的需求模式来规定其经营商品的花色品种和补货业务。一般来说，对于花色品种、数量、店内陈列及培训或激励货员等决策，消费品制造商也可以参与甚至制定决策。

5.联合产品开发

对于生命周期短的商品，厂商和零售商联合开发新产品，其关系的密切超过了购买与销售的业务关系，可以理解为一种联盟的合作关系。

6.QR 的集成

零售商和消费品制造商重新设计其整个组织、绩效评估系统、业务流程和信息系统，围绕客户需求实现高度的信息集成。

（三）QR 效益

随着竞争的全球化和企业经营业务全球化，QR 系统管理迅速在各国企业界扩展。现在 QR 方法成为零售商实现竞争优势的工具。同时随着零售商和供应商结成战略联盟，竞争方式也从企业与企业间的竞争转变为战略联盟与战略联盟之间的竞争。QR 管理给供应链管理带来明显的经济效益：

1.更好地计划生产

实施 QR 后，零售商按客户需求订货，进而生产厂商按市场需求生产，可以准确地安排生产。

2.降低采购成本

由于大大简化了商品采购流程的订单准备、订单创建、订单发送及订单跟踪等环节，这大大降低了采购成本。

3.加快库存周转，减少商品库存量

供应链各方对市场需求做到了快速反应，在保证减少缺货的前提下降低了库存量。

4.提高销售

伴随着商品库存风险的减少，商品以低价位定价，增加销售。

5.更好地为客户服务

由于相应成本的降低、流通速度的加快，生产企业和销售企业能够及时把握客户的实际需求，并按需求生产。所以，能在最短的响应时间内满足客户的需求，并且由

于流通成本的降低，最终使得客户从中受益。

二、有效客户反应（ECR）

有效客户反应（Eficient Customer Response，ECR）以满足顾客要求和最大限度降低物流过程费用为原则，能及时做出准确反应，使提供的物品供应或服务流程最佳化的一种供应链管理战略。它强调供应商与零售商的合作，尤其是企业间竞争和需求多样化发展的今天，产销之间迫切需要建立相互信赖、相互促进的协作关系，以实现在最短的时间内应对客户需求的变化。

ECR 的最终目标是建立一个具有高效反应能力和以客户需求为基础的系统，使零售商及供应商以业务伙伴方式合作，提高整个食品杂货供应链的效率，而不是单个环节的效率，从而大大降低整个系统的成本、库存和物资储备，同时为客户提供更好的服务。

要实施有效客户反应，首先，应联合整个供应链所涉及的供应商、分销商以及零售商，改善供应链中的业务流程，使其最合理有效；然后，再以较低的成本，使这些业务流程自动化，以进一步降低供应链的成本和时间。具体地说，实施 ECR 需要将条码、扫描技术、POS 系统和 EDI 集成起来，在供应链（由生产线直至付款柜台）之间建立一个无纸系统，以确保产品能不间断地由供应商流向最终客户，同时，信息流能够在开放的供应链中循环流动。这样，才能满足客户对产品和信息的需求，即给客户提供最优质的产品和适时准确的信息。

（一）ECR 来源

20 世纪 60 年代和 70 年代，美国日杂百货业的竞争主要是在生产厂商之间展开。竞争的重心是品牌、商品、经销渠道和大量的广告和促销，在零售商和生产厂家的交易关系中生产厂家占据支配地位。进入 20 世纪 80 年代特别是到了 20 世纪 90 年代以后，在零售商和生产厂家的交易关系中，零售商开始占据主导地位，竞争的重心转向流通中心、商家自有品牌（PB）、供应链效率和 POS 系统。同时在供应链内部，零售商和生产厂家之间为取得供应链主导权的控制，同时为商家品牌（PB）和厂家品牌（NB）占据零售店铺货架空间的份额展开着激烈的竞争。这种竞争使得在供应链的各个环节间的成本不断转移，导致供应链整体的成本上升，而且容易牺牲力量较弱一方的利益。

在这期间，从零售商角度来看，随着新的零售业态如仓储商店、折扣店的大量涌现，使得它们能以相当低的价格销售商品，从而使日杂百货业的竞争更趋激烈。在这种状况下，许多传统超市业者开始寻找对应这种竞争方式的新管理方法。从生产厂家角度来看，由于日杂百货商品的技术含量不高，大量无实质性差别的新商品被投入市场，使生产厂家之间的竞争趋同化。生产厂家为了获得销售渠道，通常采用直接或间接的降价方式作为向零售商促销的主要手段，这种方式往往会大量牺牲厂家自身的利益。所以，如果生产商能与供应链中的零售商结成更为紧密的联盟，将不仅有利于零售业的发展，同时也符合生产厂家自身的利益。

另外，从消费者的角度来看，过度竞争往往会使企业在竞争时忽视消费者的需求。通常消费者要求的是商品的高质量、新鲜、服务好和在合理价格基础上的多种选择。然而，许多企业往往不是通过提高商品质量、服务好和在合理价格基础上的多种选择来满足消费者，而是通过大量的诱导型广告和广泛的促销活动来吸引消费者转换品牌，同时通过提供大量非实质性变化的商品供消费者选择。这样，消费者不能得到他们需要的商品和服务，他们得到的往往是高价、不甚满意的商品。对应于这种状况，客观上要求企业从消费者的需求出发，提供能满足消费者需求的商品和服务。

在上述背景下，美国食品市场营销协会（US Food Marketing Institute，FMI）联合包括 COCA-COLA，P&G，Safeway Store 等 6 家企业与流通咨询企业 Kurt Salmon Associates 公司一起组成研究小组，对食品业的供应链进行调查、总结、分析，于 1993 年 1 月提出了改进该行业供应链管理的详细报告。在该报告中系统地提出有效客户反应（ECR）的概念体系。经过美国食品市场营销协会的大力宣传，ECR 概念被零售商和制造商所接纳并被广泛地应用于实践。

（二）ECR 的实施原则

实施 ECR 的原则主要有以下几点。

一是以较少的成本，不断致力于向食品杂货供应链客户提供更优的产品、更高的质量、更好的分类、更好的库存服务以及更多的便利服务。

二是 ECR 必须由相关的商业带头人启动。该商业带头人应决心通过代表共同利益的商业联盟取代旧式的贸易关系，而达到获利之目的。

三是必须利用准确、适时的信息以支持有效的市场、生产及后勤决策。这些信息将以 EDI 的方式在贸易伙伴间自由流动，它将影响以计算机信息为基础的系统信息的有效利用。

四是产品必须随其不断增值的过程，从生产至包装直至流动至最终客户的购物篮中，以确保客户能随时获得所需产品。

五是必须采用通用一致的工作措施和回报系统。该系统注重整个系统的有效性（即通过降低成本与库存以及更好的资产利用，实现更优价值），清晰地标识出潜在的回报（即增加的总值和利润），促进对回报的公平分享。

（三）ECR 的实施要素

实施 ECR 的四大要素是：高效产品引进（Efcient Product Introductions）、高效商店品种（Eficient Store Assortment）、高效促销（Efficient Promotion）以及高效补货（Eficient Replenishment）。

（四）ECR 的实施方法

企业在实施 ECR 管理的过程中必须依据一定的方法来进行。

1. 为变革创造氛围

对大多数组织来说，改变对供应商或客户的内部认知过程，即从敌对态度转变为将其视为同盟的过程，将比 ECR 的其他相关步骤更困难，时间花费更长。创造 ECR 的最佳氛围首先需要进行内部教育以及通信技术和设施的改善，同时也需要采取新的工作措施和回报系统。但公司或组织必须首先具备贯言行一致的强有力的高层组织领导。

2. 选择初期 ECR 同盟伙伴

对于大多数刚刚实施 ECR 的公司来说，建议成立 2～4 个初期同盟。每个同盟都应首先召开一次会议，来自各个职能区域的高级同盟代表将对建立 ECR 及怎样启动 ECR 进行讨论。成立 2～3 个联合任务组，专门致力于已证明可取得巨大效益的项目，如提高货车的装卸效率、减少损毁、由卖方控制的连续补库等。以上计划的成功将增强公司的信誉和信心。经验证明：公司往往要花上 9～12 个月的努力，才能赢得足够的信任和信心，才能在开放的非敌对的环境中探讨许多重要问题。

3. 开发信息技术投资项目，支持 ECR

虽然在信息技术投资不大的情况下就可获得 ECR 的许多利益，但是具有很强的信息技术能力的公司要比其他公司更具竞争优势。作为 ECR 先导的公司预测："在五年内，连接它们及其业务伙伴之间的将是一个无纸的、完全整合的商业信息系统。该系统将具有许多补充功能，既可降低成本，又可使人们专注于其他管理以及产品、服务和系统的创造性开发。"

（五）ECR 收益

ECR 策略的实施，可以减少多余的活动，节约相应的成本，并带来不可量化的无形效益。

1. 节约成本，增加收益

通过减少额外活动和相关费用，供应链企业在商品成本、营销费用、销售和采购费用、管理费用和店铺经营费用等方面都有大的节约。

2. 存在不可量化的无形利益

对客户、分销商和供应商来说，除这些有形的利益以外，ECR 还有着重要的不可量化的无形利益。对客户而言，货品更新鲜、更丰富，增加了客户选择和购物的便利；对分销商而言，提高了信誉，更加了解客户情况，改善了与供应商的关系；对供应商而言，减少了缺货现象，加强了品牌的完整性，改善了与分销商的关系。

（六）ECR 与 QR 的比较

ECR 主要以食品行业为对象，其主要目标是降低供应链各环节的成本，提高效率。而 QR 主要集中在一般商品和纺织行业，其主要目标是对客户的需求做出快速反应，并快速补货。这是因为食品杂货业与纺织服装行业经营的产品的特点不同，杂货业经营的产品多数是一些功能型产品，每一种产品的寿命相对较长（生鲜食品除外），因此，订购数量的过多（或过少）的损失相对较小。纺织服装业经营的产品多属创新型产品，每一种产品的寿命相对较短，因此，订购数量过多（或过少）造成的损失相对较大。二者的共同特征表现为超越企业之间的界限，通过合作追求物流效率化。具体表现在如下三个方面。

1. 贸易伙伴间商业信息的共享

即零售商将原来不公开的 POS 系统单品管理数据提供给制造商或分销商，制造商或分销商通过对这些数据的分析来实现高精度的商品进货、调达计划，降低产品库存，防止出现次品，进一步使制造商能制定、实施所需对应型的生产计划。

2. 商品供应方进一步涉足零售业，提供高质量的物流服务

作为商品供应方的分销商或制造商比以前更接近位于流通最后环节的零售商，特别是零售业的店铺，从而保障物流的高效运作。当然，这一点与零售商销售、库存等信息的公开是紧密相联的，即分销商或制造商所从事的零售补货机能是在对零售店铺销售、在库情况迅速了解的基础上开展的。

3. 企业间订货、发货业务全部通过 EDI 来进行，实现订货数据或出货数据的传送无纸化

企业间通过积极、灵活运用这种信息通信系统来促进相互间订货、发货业务的高效化。计算机辅助订货（CAO）、卖方管理库存（VMI）、连续补货（CRP）以及建立产品与促销数据库等策略，打破了传统的各自为政的信息管理、库存管理模式，体现了供应链的集成化管理思想，适应市场变化的要求。从具体实施情况来看，建立世界通用的唯一的标识系统以及用计算机连接的能够反映物流、信息流的综合系统，是供应链管理必不可少的条件，即在 POS 信息系统基础上确立各种计划和进货流程。也正因为如此，EDI 的导入达到最终顾客全过程的货物追踪系统和贸易伙伴间的沟通

系统的建立，成为供应链管理的重要因素。

三、准时制生产 JIT（Just In Time，JIT）

JIT（Just In Time）即准时生产，最初是由日本汽车制造企业为消除生产过程中各种浪费现象而推行的一种综合管理技术。它是以生产制造系统为中心展开的一种精益生产方式。JIT 的基本思想是"只在需要的时候，按需要的量，生产所需要的产品"，并持续地降低成本，提高效率。这种生产方式的核心是追求一种无库存的生产系统，或使库存达到最小的生产系统。其目标就是降低成本，获取最大利润。为此而开发了包括"看板"在内的一系列具体方法，并逐渐形成了一套独具特色的生产经营体系。为实现这一目标，JIT 主要强调两点：其一，尽量消除所有浪费；其二，强调在现有基础上持续地强化与深化。

（一）JIT 来源

准时制生产可以追溯到装配线的引入时期——亨利·福特首创的流水线生产。由于装配线的引入，使产品在工厂内流动，每个工人只完成很小的一组任务，工作的专业化使得研究和改进每一项作业成为可能。目标是消除浪费，使新车的生产一上装配线就开始并且不间断地进行直到完成。而保证装配件的即时可取，避免流水线停工将是一项不朽的工作，福特在这方面的一系列工作获得了成功。产量大幅度提高，价格大幅度下降，T 型车一度市场占有率达 55%。而当阿尔弗雷德·帕·斯隆（Alfred P. Sloan，1875—1966）引入了每年换型和产品多样化策略以后，通用汽车公司最终夺取了福特公司的主要市场，日本丰田公司的战略扩张提炼了福特和斯隆的思想，即寻求同时提高质量、柔性和降低成本的途径。在最初引起人们的注意时曾被称为"丰田生产方式"，后来随着这种生产方式被人们越来越广泛地认识、研究和应用，特别是引起西方国家的广泛注意以后，人们开始把它称为 JIT 生产方式。

（二）JIT 体系结构

准时制生产方式着眼于完美，其目标是无不良品，没有库存，排除一切不产生价值的工作。通过不断改进，消除浪费，以提高产品质量，降低消耗，注重团队合作和沟通，扩展员工的技术，确保不断建立一个更好的生产体系，从而实现"零"浪费的目标。

在这个体系中包括了 JIT 生产方式的基本目标以及实施这些目标的手段和方法，也包括了这些目标与各种手段方法之间的相互内在联系。

（三）准时制生产管理方法

1. 拉动式准时化生产

以最终用户的需求为起点，强调物流平衡，追求零库存，要求后道工序根据"看板"向前道工序取货。

2. 全面质量管理（Total Quality Management）

强调质量是生产出来而非检验出来的，由过程质量管理来保证；生产过程中对质量的检验与控制在每一道工序中都进行，培养员工的质量意识，保证及时发现质量问题；一旦发现质量问题，根据情况可以立即停产，全员协作直到问题解决，保证不出现无效加工。

3. 团队工作法

每位员工在工作中不仅是执行上级命令，更主要的是积极地参与，起到决策与辅助决策的作用，强调团队成员的一专多能，保证工作协调、顺利进行。

4. 并行工程（Concurrent Engineering）

在产品的设计开发期间，将概念设计、结构设计、工艺设计、最终需求等结合起来，保证以最快的速度按要求的质量完成。

（四）基于 JIT 的供应链

JIT 虽然是针对企业内部的一种生产管理模式，但是作为一种管理思想，在提高整个供应链对需求的响应时间、降低供应链的物流成本、实行按需及时供应等。

一方面，具有重要的借鉴意义。所谓基于 JIT 的供应链管理，是一种跨越企业的新的管理方式，它利用现代信息技术，运用 JIT 原理优化再造业务流程，通过构建内外部供应链各节点单位紧密的协作关系，提高企业对需求的响应能力，使企业在复杂的市场环境下立于不败之地。基于 JIT 的供应链管理的核心在于创造价值，消除不必要的、非增值环节和活动，尽量消除浪费，通过高效一体化的运作使供应链上的每一项合理活动均能实现增值，在为顾客创造价值的同时，也为企业自身及其供应商创造价值。

JIT 思想在供应链管理中运用，主要以物流为主，考虑怎样降低物流成本，缩短物流周期（从供应商到需求点的时间），并编制相应的计划，对整个供应链进行控制，使物流最合理，并保证供应链的准时生产，物流成本最低，提高供应链中物流的运作效率。

1.JIT 采购

JIT 采购的目标是确保在需要的时候能够获得有质量保证的所需数量的产品供应。这意味着可能一天一次、一天两次，甚至每小时数次地进行采购。企业可以通过供应商管理库存（Vendor Managed Inventory，VMI）或电子商务 B2B 采购的方式实现采购的 JIT。JIT 采购策略通过建立用户和供应商之间的长期互利的伙伴关系，加深了彼此的信任与信息交流，供应商可以及时了解用户的生产与库存计划，以提供灵活可靠的交货，使用户在需要的时候得到供应品。JIT 采购的核心要素包括减少批量；频繁而可靠地交货；始终保持采购品的高质量。其中每一方面都将使购货公司受益匪浅，而不仅仅是缩短了采购周期。

2.JIT 物流

JIT 物流关注的是实物的移动而非实物的储存，保证从最初的原材料、零部件采购到加工转化的不同阶段直至最终用户的流畅。建立健全完善的物流网络控制体系是基于 JIT 供应链管理进行有效成本控制的重要途径。企业可以通过经过型（Cross Docking，CD）物流管理模式实现供应链物流的 JT。经过型物流是一种以"零库存"为最终目标，基于 JIT 的高级物流配送系统。在 CD 物流系统中，仓库充当库存的协调点而不是库存的储存点。在典型的 CD 物流系统中，物料从供应商到达仓库，然后转移到服务于用户的车辆上，进而尽可能快地运送给用户。物料在仓库中停留的时间很短，通常不超过 12 个小时。因此，经过型物流的实践将极大提升物流管理水平，提升供应链的整体运作效率与竞争力。

总之，要成功实施基于 JIT 的供应链管理，需要具备以下条件。

一是加强同供应商的关系管理，与供应商在"共赢"机制基础上构筑战略合作关系，供应商对基于 JIT 的供应链管理能够充分理解并积极参与和支持。

二是企业内部供应链各节点部门不断加强交流与协作，克服部门主义，尽量消除供应链各节点间的不合理环节以及浪费现象，能够通过流程无缝运作实现对需求的高效快速响应。

三是在基于 JIT 的供应链管理中，应充分重视并运用先进的物流管理技术与方法，如 VMI（供应商管理库存）、CRP（自动补库系统）、Cross-Docking Logistes（经过型物流）等，并且企业应具备实施这些先进技术与方法的物流设施与运作能力。

四是基于 JIT 的供应链管理成功运作离不开 IT 技术的支持，具有增值功能的信息网络是成功的关键。因此，企业应具有一套能够满足基于 JIT 的供应链运作要求的信息系统，并且能够实现供应链各节点环节间信息方便的交流与共享。

四、精益生产（Lean Production，LP）

精益生产是美国麻省理工学院根据其在"国际汽车项目"研究中基于对日本丰田生产方式的研究和总结，于 1990 年提出的制造模式。它是指通过系统结构、人员组织、运行方式和市场供求等方面的变革，使生产系统能很快适应用户需求的不断变化，并能使生产过程中一切无用、多余的东西被精简，最终达到包括市场供销在内的生产的各方面最好的结果。精，即少而精，不投入多余的生产要素，只是在适当的时间生产必要数量的市场急需产品（或下道工序急需的产品）；益，即所有经营活动都要有益有效，具有经济性。精益生产的目标是精益求精，尽善尽美，永无止境的追求七个零的终极目标。精益生产既是种以最大限度地减少企业生产所占用的资源和降低企业管理和运营成本为主要目标的生产方式，同时它又是一种理念、一种文化。

（一）精益生产的来源

精益（anness）的概念起源可以追溯到 20 世纪 70 年代日本的丰田生产系统（TPS）。它是以多品种、小批量、高质量和低消耗、消除浪费为特征的生产方式，并在日本汽车工业中取得了显著的成就，全面超过以福特汽车公司为代表的大批量生产方式下的美国。1985 年，美国麻省理工学院的 James P·Womack 等教授用了近五年的时间对日本丰田生产方式进行研究和总结，提出一种新的生产管理方法一精益生产，即在生产组织的各个层面上，采用通用性强、自动化程度高的机器，以不断降低成本、无废品、零库存与多品种为目标的一种生产方式，通过准时制生产、看板系统、缩短提前期、全面质量管理和成组技术等一系列方法，消除浪费，实现价值的最大化。20 世纪90 年代，精益生产被无数制造企业应用、改进和演绎。其中为了使产品价值创造过程的所有环节有机地连接起来，一种新的企业组织模式应运而生——精益企业（lean enterprise）。美国精益航空进取计划（LAI）将此定义为采用精益原则和实践为它所有的参与者有效地创造价值的集成的实体。1996 年《精益思想（Lean Thinking）》一书问世，精益生产方式由经验变成了理论，由此新的生产方式正式诞生。

（二）精益生产的内涵

精益生产的内涵可以总结为：以顾客为"上帝"，以人为中心，以精简生产过程为手段，以"零浪费"为终极目标。

1. 以顾客为"上帝"

精益企业采用顾客需求"拉动"的办法，生产顾客需要的产品。精益生产企业还去洞悉顾客的想法和要求，以最快的速度和适宜的价格提供高质量的新产品，创造市场需求、抢先占领市场。

2. 以人为中心

在人力资源的利用上，精益生产企业形成了一套劳资互惠的管理体制，通过 QC小组、提案制度、团队工作方式、岗位轮换、目标管理等一系列具体方法，调动和鼓励职工进行"创造性思考"的积极性，并注重培养和训练员工的多方面技能，由此提高职工的工作热情和工作兴趣，最大限度地发挥和利用企业组织中个人的潜在能力。

3. 以"精简"为手段

精益生产将去除生产过程中一切多余的环节，实行精简化。它倡导只要是不增加价值的一切活动，都应当消除掉。从管理理念上说，精益生产总是把现有的生产方式、管理方式看做是改善的对象，不断地追求进一步地降低成本、降低费用、质量完美、缺陷为零、产品多样化等目标。

4. 以"零浪费"为终极目标

从本质上说，精益生产方式的基本思路是以"非成本主义"为出发点的。"非成本主义"认为，商品的售价是由市场决定的，企业的利润必须以市场认可的价格为基点，减去企业实际发生的产品成本后产生。为了实现增大利润的目的，着眼点就应放在千方百计降低产品的成本上。为了降低成本，必须彻底消除企业中的一切浪费，也就是消除企业所有的不合理现象，实现"零浪费"。

（三）精益生产的特点

精益生产是以企业的完整价值流程为内涵，以客户的价值创造为最终目的，以实现企业价值的全新的企业运行体制和机制的全部集合。精益生产模式主要有以下几个特点。

一是高度准时生产。即在要求的时间内，按要求的数量，生产出所要求的产品，以减少中间库存，并使之达到最低限度；

二是全面质量管理保证体系；

三是多品种、小批量、高柔性；

四是严格的成本管理和控制

（四）生产的实现

1. 精益生产的基础

通过 5S（整理、整顿、清扫、清洁、素养）活动来提升现场管理水平。

2. 准时化生产——JIT 生产系统

在顾客需要的时候，按顾客需要的量，提供需要的产品。由一系列工具来使企业实现准时化生产，主要工具有平衡生产周期、持续改进、一个流生产、单元生产、价值流分析、VA/VE 方法研究、拉动生产与看板、可视化管理、减少生产周期、全面生产维护等。

3.6S 质量管理原则

该原则要贯彻于产品开发和生产全过程。主要包括：操作者的质量责任；操作者主动停线的工作概念；防错系统技术；标准作业；先进先出控制（FIFO）；根本原因的找出 5Why（5 个为什么）。

4. 发挥劳动力的主观能动性

强调"发挥团队的主观能动性是精益企业的基本运行方式",要鼓励团队精神,推倒企业各部门之间的墙壁。

5. 可视管理

不仅是管理者,而且要让所有员工对公司的状况一目了然。信息充分沟通,最好的办法是把所有的过程都摆在桌面上,可视化而不是暗箱操作。

6. 不断追求完美

企业管理理念和员工的思想非常关键,纵然永远达不到理想的完美,也要不断前进,即使浪费是微不足道的,也不容忽视。

(五)精益供应链

供应链环境下精益生产的实施策略是由实行精益生产的制造商作为核心企业构建精益供应链。精益生产方式整合供应链管理,可以很好地解决如何运用精益生产的思想将供应商、分销商以及客户有机地整合并形成利益共同体,拓展精益生产思想运用的范围至供应商、分销商,实现核心企业、供应商、分销商之间同步运作与资源配置最优化。

1. 精益供应链具备的特征

一是结构体系简洁。即供应链的结构尽量简化,尽量选择较少的供应商和分销商,这是供应链建模的重要原则。

二是面向对象的供应链模式。面向对象的供应链是以订单为驱动,以订单为对象,实现"一个流供应、一个流生产、一个流分销"的供应链模式。

三是开放式的企业信息系统。即企业的信息系统不再是封闭的、孤岛式的企业信息系统,而是建立在互联网上的、开放式的信息系统。

四是非线性系统集成模式。供应链的集成不是简单的企业兼并或集团化,而是一种以契约为基础、松散的耦合集成,是凝聚与扩散的有机结合,是一种非线性、协同方式的集成,可使系统实现"1+1>2"的总体效果。

五是智能神经元的生产模式。网络化企业组织形式从"机械型"向"生物型"转变,企业的生产模式将逐渐转变为智能神经元型。每个企业都专注于自己的优势,同时能快速应对市场环境的变化,及时调整生产计划和生产技术。

2. 精益供应链的精益供应

制造商和供应商之间的伙伴关系是成功实施精益生产方式的关键。与企业内部精益生产系统相比,制造商和供应商之间的关系更难控制。要保证精益生产方式良好地运行,供应商必须实现准时供应。为了保障精益生产能够顺利实施并发挥其优越性,制造商应该与供应商建立起一种精益供应关系。

精益供应关系是理查德·拉明于1992年首先提出来的，他将供应商关系的发展分为传统关系模式、紧张关系模式、伙伴关系模式，并在此基础上提出了精益供应关系模式。精益供应关系主要包含以下几方面内容。

一是共同参与竞争。精益生产下的竞争将在全球范围内展开。精益供应关系的内容之一。就是供应商必须能够随时随地就近向制造商提供服务（无论这要求在世界哪一地区提出）。供应商与制造商作为利益共同体应通力合作，共同参与市场竞争。从某种意义上说，精益供应关系通过引进"将合作各方捆绑为一体"的措施，延长了互相合作的时间（甚至有可能延长至无限），向我们观察到的战略合作生命期有限的现象提出了挑战。

二是共同应对价格变化。精益供应中信息互换的重要组成部分是双方共同努力降低成本，双方互分压力，彼此合作，在确定成本时增加透明度，即彼此了解对方生产过程中成本结构的相关部分，并了解单方面成本变化对对方的影响，共同寻求降低成本的措施。

三是合作进行技术开发。研发工作是制造商和供应商之间合作的最好表现形式，也是双方最重要的联系纽带。对供应商而言，在研究开发方面加大投入，必须以信任制造商不会滥用研发成果，也不会对供应商造成不利为前提。简言之，就是双方相互信任。在精益供应中，信任至关重要，但这不是天真的信任，在更大程度上，这是双方在原则和重大问题、信息的透明度和正确发展方向等方面达成一致意见。在精益供应中，供应商将成为某些技术的领导者和创新者，对于制造商而言，它们已经成为"向前推动型"的合作伙伴。

四是进行供应商关系评估。精益供应关系中，制造商也需要对供应商进行考核，但是这种考核是十分透明的，是双方都认可和接受的。而且制造商也是利用这种考核为供应商提供管理支持，帮助供应商提高管理水平。例如丰田公司开发了丰田供应商评估体系（TSA），该体系以质量、运送、价格、管理和其他（技术支持、包装、灵活性、质量保证等各方面的综合）等几个方面评定供应商的表现。

3. 精益供应链的生产

供应链环境下的精益生产相对于传统的生产方式来说更加系统、全面、科学。供应链环境下的精益生产有如下特点。

一是供应链环境下的精益生产是一种需求拉动的生产方式。精益生产方式要在恰当的时间生产恰当的产品，以恰当的价格送到恰当的顾客手中。供应链环境下的精益生产方式把这种需求拉动范围扩大到了整条供应链上。在整条供应链上只有最终产品的生产计划，然后将这种计划进行合理的分解与处理，在供应链上由下游企业依次向上游企业提出需求，拉动产品的生产，从而形成供应链上拉动式的生产。

二是供应链环境下的精益生产的目的是消除供应链上的一切浪费，供应链环境下的精益生产方式不仅仅是要消除生产企业内部的各种浪费，而且包括供应链上从源头企业到最终消费者整个流通过程所产生的一切浪费，如订单处理的浪费、运输的浪费、库存的浪费、交货期不准产生的浪费等。

三是供应链环境下的精益生产以精益企业为核心企业，核心企业带动其他成员实现整条供应链的精益化

对于精益供应链而言，一般是由率先实行精益生产的企业作为核心企业，它统领供应链，负责整条供应链的组建，帮助供应链上的其他成员实现精益化，进而达到整条供应链的精益化。

4. 精益供应链的精益营销

精益生产方式作为一种拉动式生产方式，它是以市场需求为起始点的。另外，精益生产方式是一种多品种、小批量的生产方式。从市场营销的角度来看，之所以这样做是为了满足顾客多样化、个性化的需求。

精益营销是建立在精益生产方式上的一种营销方式，它的特点如下。

一是以顾客个性化需求为核心，把一切营销活动都建立在准确地把握顾客需求之上，满足顾客个性化的需求。

二是以保持长期良好的顾客关系为目标，强调售中和售后的精益服务，以建立起与顾客的互动关系。企业与顾客的沟通是双向互动的，顾客有机会、有条件向企业表明自己独特的需求，就自己的独特需求与企业动态沟通，企业据此提供定制化的产品和服务，并不断改进。

三是以拉动式销售为手段，以顾客的个性化需求拉动销售。

四是柔性化营销，营销活动能根据市场环境的变化而适时的调整。

（六）精益营销

精益营销强调一个"精"字，精益营销的精髓在于准确地把握和恰到好处地满足顾客需求。精益营销就是通过精良的产品研制、精确的产品定价、精益的营销渠道准确地满足顾客的需求。要实现供应链的精益营销必须做到以下几点。

1. 准确把握客户需求

精益营销要求准确把握顾客需求，准确地研制、开发产品，生产制造恰到好处满足顾客需求的产品。可以采用质量、功能、展开（Quality Function Deployment，QFD）的技术来施行。具体而言，QFD包括以下典型步骤：确定目标顾客；调查顾客要求，确定各项要求的重要性；根据顾客的要求，确定最终产品应具备的特性；分析

产品的每一特性与满足顾客各项要求之间的关联程度，如通过回答"有更好的解决办法吗"等问题确保找出那些与顾客要求有密切关系的特性；评估产品的市场竞争力；确定各产品特性的改进方向；选定需要确保的产品特性，并确定其目标值。

2. 建立精益营销渠道

精益营销渠道与一般营销渠道成员相同，也是由制造商、中间商、辅助商、顾客等组成。精益营销渠道的目标是追求渠道成员价值的最大化。可以通过以下方法建立精益营销渠道。

一是缩短订货周期。将订货周期中的外部控制活动转化成内部控制活动，或通过协作、沟通，增加对外部活动的控制程度；不断简化内部活动和外部活动。

二是把握顾客需求信息。及时把握顾客需求信息是实施实物配送的前提和基础。通过电子数据交换（Electronic Data Interchange，EDI）技术，企业和客户共享各自的产品存量和流量信息，企业通过实施监控主要客户的存货变化情况，自动为顾客生成订货建议，经过简洁的确认手续就可以送货。

三是筛选和考核运输商。筛选运输商应综合考虑运输商的整体运输能力、应急能力、信息（如 EDI）应用水平、管理水平等，同时不断消减运输商的数量，最终确定少数几家可以长期合作的战略伙伴。

四是降低存货。产品配送过程中主要涉及三种存货：周期性存货、在途存货和安全存货。通过降低生成批量、一次订货分批送货等可以降低周期性存货；通过与运输公司、顾客密切合作，降低在途存货；安全存货取决于实物配送整个流程的效率，在这一流程中的任何改进都有助于降低安全存货。

五是改善搬运。搬运对实物配送同样有重要影响，尽管这一点常常被忽视。精益生产方式下，要求尽可能消除缓冲存货，减少工序间搬运（如实行只搬运一次原则、恰当的搬运批量等），并配合使用条形码、标准容器、合适的搬运工具等改善搬运作业。合理规划厂址和仓库地址，即根据运输的规模经济原理和距离经济原理，统筹规划厂址和仓库地址，使企业的总运输成本最小。

3. 准确制定产品价格

精益生产方式的定价方式是以为顾客创造的价值为基础的，我们称之为基于价值的定价策略。在这种策略下，不再刻意强调价格高低，而是通过让顾客更多地感知到自己产品与竞争对手产品的差异，为顾客创造更高的价值。这里一方面强调较高的差异性；另一方面强调较高的顾客感知程度。较高的产品差异性，可以是高产品的使用价值，从而对顾客的价值链构成实质影响；而较高的顾客感知程度，则有助于促使顾客为这种差异化支付更高的价格。从另外一个角度讲，精益生产的定价策略下，价格则由无差异的产品价格与差异化形成的附加价值两部分构成。相应地，前者的竞争焦点是让利，比的是谁的价格更低；后者的竞争焦点则是差异化，比的是谁的产品对顾客更有价值。

五、敏捷制造（Agile Manufacturing，AM）

敏捷制造是 21 世纪的生产与管理战略，它通过动态联盟这样一种组织合作伙伴的方式，把优势互补的企业联合在一起，用最有效和最经济的方式组织企业活动，并参加竞争，迅速响应市场瞬息万变的需求，其目标是建立一种对用户需求做出灵敏快速反应的市场竞争力强的制造组织和活动。敏捷制造系统是一种动态的生产系统，其重要的特征之一就是能够根据市场的变化，通过信息交换网络将不同地域、不同企业的制造资源进行组合，以最快捷的方式生产市场所需要的产品。因此，实现敏捷制造的首要任务就是能够有效地寻找具有所需制造资源的企业，实现制造资源的集成。敏捷制造的基本思想和方法可以应用于绝大多数类型的行业和企业，并以制造加工工业最为典型。敏捷制造的应用将在世界范围内，尤其是发达国家逐步实施。从敏捷制造的发展与应用情况来看，它不是凭空产生的，是工业企业适应经济全球化和先进制造技术及其相关技术发展的必然产物。

（一）敏捷制造的来源

20 世纪 80 年代，原联邦德国和日本生产的高质量的产品大量推向美国市场，迫使美国的制造策略由注重成本转向产品质量。进入 20 世纪 90 年代，产品更新换代加快，市场竞争加剧。仅仅依靠降低成本、提高产品质量难以赢得市场竞争，还必须缩短产品开发周期。当时美国汽车更新换代的速度已经比日本慢了一倍以上，速度成为美国制造商关注的重心。同时，20 世纪 70 年代到 80 年代，被列为"夕阳产业"不再予以重视的美国制造业一度成为美国经济严重衰退的重要因素之一。在这种形式下，通过分析研究得出了一个"一个国家要生活得好，必须生产得好"的基本结论。为重新夺回美国制造业的世界领先地位，美国政府把制造业发展战略目标瞄向 21 世纪。美国通用汽车公司（GM）和里海（Leigh）大学的雅柯卡（Lacocca）研究所在国防部的资助下，组织了百余家公司，耗资 50 万美元，分析研究 400 多篇优秀报告后，提出《21 世纪制造企业战略》的报告。于 1988 年在这份报告中首次提出敏捷制造的新概念。1990 年向社会半公开以后，立即受到世界各国的重视。1992 年美国政府将敏捷制造这种全新的制造模式作为 21 世纪制造企业的战略。

（二）敏捷制造的特征

敏捷制造具有以下特征。

一是敏捷制造是信息时代最有竞争力的生产模式。它在全球化的市场竞争中能以最短的交货期、最经济的方式，按用户需求生产出用户满意的具有竞争力的产品。

二是敏捷制造具有灵活的动态组织机构。它能以最快的速度把企业内部和外部不同企业的优势力量集中在一起，形成具有快速响应能力的动态联盟。在企业内部，它将多级管理模式变为扁平结构的管理方式，把更多的决策权下放到项目组；在企业外部，它将企业之间的竞争变为协作，通过高速网络通信充分调动、利用分布在世界各地的各种资源，所以能保证迅速、经济地生产出有竞争力的产品。

三是敏捷制造采用了先进制造技术。敏捷制造一方面要"快"；另一方面要"准"，其核心就在于快速地生产出准确满足用户需求的产品。因此，敏捷制造必须在其各个制造环节都采用先进制造技术，如柔性制造、计算机辅助管理、企业经营过程重构、计算机辅助质量保证、产品数据管理以及产品数据交换标准等技术。

四是敏捷制造必须建立开放的基础结构。因为敏捷制造要把世界范围内的优势力量集成在一起，所以敏捷制造企业必须采取开放结构，只有这样，才能把企业的生产经营活动与市场和合作伙伴紧密联系起来，使企业能在一体化的电子商业环境中生存。

（三）敏捷制造的基本工作原理

敏捷制造的基本工作原理是借助于计算机网络和信息集成基础结构，构造有多个企业参加的"虚拟制造"环境，以竞争合作为原则，在虚拟制造环境下动态选择合作伙伴，组成面向任务的虚拟公司，进行快速和最佳化生产。

虚拟企业是一种为了快速响应已经出现或根据预测即将出现的市场机遇，由几个企业联合形成的一个联盟，可称为"动态企业联盟"。当市场出现某种机遇时，几个企业以共同利益为基础联合起来，组成一个"虚拟企业"去响应市场。

（四）敏捷制造的意义

首先，企业在战略管理模式下，需要与之相适应的职能战略。敏捷制造作为一种生产战略，有利于提高企业市场应变能力，能够对市场需求做出快速及时的反应，从而可以帮助企业把握每个稍纵即逝的市场机会，在竞争中占有优势。其次，在经济全球化的今天，敏捷制造有利于增强企业产品开发、制造能力。

采用敏捷制造，一方面通过并行工程、同步生产，可以缩短产品开发和制造周期。另一方面，可以通过"虚拟企业"，从全球调集开发、生产某种产品所需的各种资源。这样，一方面可使合作各方充分利用资源，避免重复投资，降低成本。另一方面可以充分整合合作企业的核心竞争力。

再次，敏捷制造有利于提高企业的组织效率。敏捷制造要求企业组织机构减少层次、扁平化、权力下放；并能利用动态组织方式，重构人员职能、各部门之间的关系、新的工作小组配置和合作方式等。这种组织形式可以对用户需求和市场竞争做出敏捷的反应，从而达到最佳的组织工作状态。

最后，敏捷制造有助于实现精益生产。当前，我国一些行业库存较多，产品积压严重，流动资金周转困难，严重影响企业的正常生产。如果采用敏捷制造，产品生产由推式转变为拉式，让市场推动制造，借助信息化系统的支持，通过企业与顾客以及供应商、销售商建立.一种长期稳定的、全面合作关系，实现 JIT，从而提高生产的效率和效益。

（五）敏捷供应链

进入 21 世纪，企业经营的市场环境发生了很大的变化，特别是信息技术的不断进步和经济的全球化，使得以顾客为中心的企业管理面临着更为复杂的竞争环境和更为强劲的竞争对手。企业之间由单纯产品质量、性能方面的竞争转向企业所在的供应链之间的竞争。同时影响企业生存，发展的共性问题是目前竞争环境、顾客需求等因素变化太快，而企业自我调整、适应的速度跟不上。通过敏捷制造来达到敏捷竞争，将是企业参与国际竞争的主要形式，因此供应链管理在敏捷制造环境下应该有新的形式和策略与之对应，而具有敏捷特性的供应链即为敏捷供应链（Agile Supply Chain，ASC）。它以核心企业为中心，通过对资金流、物流、信息流的控制，将供应商、制造商、分销商、零售商及最终消费者用户整合到一个统一的、无缝化程度较高的功能网络链条，以形成一个极具竞争力的动态战略联盟。"动态"表现为适应市场变化而进行的供需关系的重构过程；"敏捷"用于表示供应链对市场变化和用户需求的快速适应能力。在敏捷供应链中，计划和协调各实体之间的物流、资金流、信息流和增值流，增加动态联盟对外环境的敏捷性是敏捷供应链管理的主要任务。

1. 敏捷供应链产生的五大原动力

早在 1991 年，里海大学艾科卡研究所就编写了题为《21 世纪制造业战略》的报告，提出以虚拟企业或动态联盟为基础的敏捷制造的概念。报告认为通过敏捷制造来达到敏捷竞争是 21 世纪国际竞争的主要形式，同时 ASC 的出现也标志着供应链管理模式一次重要转变，即由效能型供应链向响应型供应链转变，制造模式由精益生产向敏捷制造转变。传统供应链的柔性增强，通过快速改造或重组来捕捉商机，最终实现 ASC。结合其时代背景，可以发现五大要素最终促使 ASC 的产生。

一是产品开发水平提高。这导致产品开发周期显著缩短、上市时间更快，促使企业充分利用外部资源，寻求合作设计、开发和制造的机会。这是 21 世纪市场环境和用户消费观所要求的，也是赢得竞争的关键所在。这一点从美国制造业策略的变化可以看出。美国制造业的策略从 20 世纪 50 年代的"规模效益第一"，经过 20 世纪 70 年代和 20 世纪 80 年代的"价格竞争第一"和"质量竞争第一"，发展到 20 世纪 90

年代的"市场速度第一"，时间因素被提到了首要位置。

二是客户需求的多样化和个性化。伴随着人们生活水平的提高，客户不再满足于企业提供的千篇一律的产品，他们希望得到满足其个性和需求的多样化的产品。这种需求在给企业造成压力的同时也为其提供了新的竞争机会。

三是供应链柔性更加提高。为了响应"瞬息万变，无法预测"的市场，供应链管理不仅要具备技术上的柔性，还要具备管理上的柔性，以及人员和组织上的柔性。21世纪制造业将通过快速改造或重组来捕捉不可预见的机会。

四是分布、并行、集成并存成为全球化供应链的特征。经济全球化趋势下，分布性更强、分布范围更广是企业在地理上的分布；并行化程度更高，是指企业的许多流程可以跨地区、跨部门分布式并行实施；集成化程度更高，不仅包括信息、技术的集成，而且包括管理、人员和环境的集成。

五是信息技术的迅速发展。敏捷供应链的关键是在 Internet 网络环境下，实现各盟员企业之间的信息集成和共享。而近些年来，基于 Internet 的信息技术，如 VRML（虚拟现实建模语言）、XML（可扩展标记语言）、CORBA（公共对象请求代理结构）、分布计算技术以及 JAVA 支持跨平台、面向对象的编程语言等，都逐渐成为敏捷供应链的支撑技术。此外，EDI 技术、RFID 等新一代自动识别技术、电子资金转账（Electrical Fund Transfer，EFT）技术的普及应用为供应链管理提供了有效的技术支持，同时为实现敏捷供应链提供技术基础。

2. 敏捷供应链特征

敏捷供应链与一般供应链的区别在于敏捷供应链可以根据动态联盟企业的形成和解体进行快速的重构和调整，具有更强的柔性和敏捷性。同普通供应链相比，敏捷供应链具有市场敏感性、组织虚拟性、过程集成性、组织网络化等特点。

一是市场敏感性。市场敏感性是指供应链具有从最终市场获取实际需求信息并对其做出迅速反应的能力。以前，企业一般只能靠历史销售数据来进行市场需求预测，并以此来指导企业的采购、生产和销售等活动，因此需求一旦变动，企业往往不能做出快速反应。目前，对客户关系管理（Customer Relationship Management，CRM）、需求管理（Demand Based Management，DBM）等管理思想的重视以及信息技术的发展，使通过多种渠道快速准确收集顾客对产品或服务的个性化需求成为可能，真正提高了供应链的市场敏感性。

二是组织虚拟性。使用信息技术在供应链的所有实体之间共享数据，实际上使供应链具有了虚拟化的特征。组织虚拟性是指供应链中各企业通过信息技术连接起来，组成暂时性的网络动态联盟，共享资源，优势互补。组织虚拟性的程度大小主要取决于系统集成技术等信息技术的运用程度。随着因特网和 XML 的广泛应用，供应链上各节点企业通过关键信息共享，突破传统供应链和时空上的限制，与相关利益共同体结成动态联盟，形成高效率的虚拟化组织，对市场的变化做出迅速反应。

三是过程集成性。过程集成就是根据市场的变化情况，以企业核心能力为基础，通过资源外用的形式，将供应链中的业务活动过程分解为相对独立的环节，重新组合成具有一定功能、紧密联系的新系统。过程集成需要各方互相信赖，达成共识、实行信息共享，形成一种彼此之间依赖性比较强的"扩展企业"。每个企业的资源和能力毕竟是有限的，不可能在所有业务领域都具有竞争优势。因此，企业要突破传统的"纵向一体化"模式，向"前向一体化"和"后向一体化"扩展，通过资源外向配置，寻求联盟伙伴，将自己不具有竞争优势的业务外包，使企业更具柔性，增强适应外部环境的能力。

四是组织网络化。敏捷供应链通过网络将地理上分散的实体联系起来，包括从供应商的供应商到顾客的供应链中的所有实体，参与到供应链竞争中去，是发展的必然趋势。在供应链网络内实现合理的库存分布，在网络中实现供应链伙伴的合作、协调、重构及利益分配，以实现紧密的更敏捷的联系，来保持和扩大供应链的顾客显得非常重要。

3. 敏捷供应链的功能

敏捷供应链的实施，有助于促进企业间的合作和企业生产模式的转变，有助于提高大型企业集团的综合管理水平和经济效益。根据供应链的特点，我们可以看到敏捷供应链支持以下功能。

一是支持企业的迅速结盟，支持联盟的优化运行和平稳解体；

二是支持动态联盟企业间敏捷供应链管理系统的功能，敏捷供应链的主要功能是完成对动态联盟的运行管理和资源优化；

三是结盟企业能根据敏捷化和动态联盟的要求方便地进行组织、管理和生产计划的调整；

四是可以集成其他的供应链系统和管理信息系统。

4. 敏捷供应链管理需解决的难题

敏捷供应链管理是一项复杂的系统工程，其运营过程呈现复杂性和动态过程，涉及各合作企业间大量的信息、资源、组织、利益及其相互关系。因此，在更多 ASC 应用成功的案例出现之前，许多问题仍需研究解决。与传统供应链相比，敏捷供应链管理中需要研究的新问题主要有以下几点。

一是信息系统的快速重构。在敏捷供应链中，最核心的研究内容之一是随着动态联盟的组成和解散，如何快速地完成系统的重构。这不可避免地要求各联盟企业的信息系统也进行重构，如何采用有效的方法和技术，实现对现有企业信息系统（MRP、

MRPI、ERP）的集成和重构，实现各企业多种异构资源的优化利用，保证它们和联盟企业的其他信息系统之间的信息畅通，是供应链管理系统要重点解决的问题。

二是合作关系决策问题。敏捷供应链中企业间的合作关系往往具有围绕主导企业构建、合作企业分布广、合作企业的角色多样性等特点，这都将影响合作关系的建立。例如，某主导企业会针对市场出现的某种需求，选择合作企业，确定供应商—制造商、制造商—分销商、分销商—客户等角色关系，但由于对合作企业的信息不完备以及合作企业相对自治的特点，使主导企业难以选择合适的合作企业。

三是企业间的协调机制问题。敏捷供应链与传统的基于物流的单一企业的供应链是不同的，它更强调企业间的合作和协调机制，特别是在敏捷制造环境下的动态联盟的敏捷供应链。企业在加盟敏捷供应链时，往往会从自身利益出发，展开合作对策，而且由于各成员关系的不对称，进行协调之后的结果也是不对称的，难以实现全局最优的目标。因此，如何制定成员间的协调机制是实现敏捷供应链首先需要解决的问题。

四是敏捷化重组过程问题。敏捷供应链是在供应链管理的基础上融入动态联盟的思想，对动态联盟、虚拟企业相关的研究也可划入敏捷供应链研究的范围。因而其涉及的内容是十分广泛的，包括了工作流程管理、企业关系管理、合作伙伴选择问题、敏捷供应链信息交互等问题。因此作为敏捷供应链重要特征的可重组性在实施时由于过于复杂而难以实施。

五是风险管理问题。在供应链中任何节点发生问题，都会影响整个供应链的正常运作。因此风险管理是供应链管理中不可避免的问题，特别是在敏捷供应链管理中，由于动态的市场竞争与变化的顾客需求使敏捷供应链中的不确定因素不断增多，潜在的风险对其正常稳定运营构成更大的威胁。

六是利益分配机制问题

敏捷供应链管理强调企业间的合作与协同，合作伙伴间合理的利益分配机制有助于敏捷供应链运营过程的稳定，唯有采取公平合理的利益分配方案才能确保合作过程的顺利进行和对市场机遇的快速响应。但由于供应链成员的获益直接或间接相关因素十分复杂，例如，企业直接投入的资源、间接运用或占用的资源和资产，在供应链系统的角色、地位和所发挥的功能、作用以及对整个系统产出的贡献等众多因素都难以量化计算。因此，敏捷供应链中的利益分配问题是敏捷供应链合作关系中矛盾最突出的问题。

5. 敏捷供应链的实现

供应链是多个有着共同目标企业的集合体，供应链企业可以通过业务外包，与供应商、分销商通力合作，知识和信息共享等策略来打破企业边界，使整个供应链灵活而有效地应对需求不确定性和市场的易变性，来实现供应链的敏捷化。

敏捷供应链的采购。敏捷供应链中的采购管理是对传统采购方式的种变革，在敏捷供应链管理模式下企业可以通过实施准时化采购，实现从为库存采购到为需求采购、从采购管理到外部资源管理、从一般买卖关系到战略合作伙伴关系的转变。准时化采购只有在需要的时候才准时订购所需的产品，达到了降低库存、敏捷订购的目的。

敏捷供应链的生产。在敏捷供应链模式下，企业可以通过大规模定制和延迟策略的结合实现供应链生产的敏捷化。大规模定制通过生产或加工的高度敏捷、柔性和集成，向顾客提供个性化需求的商品，实现了规模经济和定制生产的完美结合。延迟策略是实现大规模定制的主要手段，它尽可能地延迟产品的物理差异，将制造、装配延迟到接到顾客订单时开始。

敏捷供应链的库存。敏捷供应链的核心思想就是围绕供应链全局最优的目标，建立信息共享、利益共享、风险共担的动态战略联盟。这种双赢的伙伴关系决定了敏捷供应链的库存管理办法。敏捷供应链可以通过供应商管理库存、联合库存管理、多级库存控制等模式实现库存管理的敏捷化。供应商管理库存是通过供应商自己设立库存或供应商担当用户库存的管理者等方式实现库存的有效控制，这种库存管理策略打破了传统的各自为政的管理模式，体现了敏捷供应链的集成化管理思想；联合库存管理是建立在经销商一体化基础上的一种风险共担的库存管理模式，它使供应链的每个库存管理者都围绕系统协调性出发，保持供应链相邻节点间的库存管理者对需求的预期一致性，消除需求变异放大，提高供应链的同步化程度；多级库存控制实际上通过确定库存控制的有关参数来确定各节点企业的最佳订货量和订货周期，达到库存控制的优化，它解决了联合库存管理模式局部优化的不足，体现了供应链全局性优化的思想。

第四节　数字供应链协同管理与优化

一、供应链协同的内涵及其分类

随着惠普、戴尔等企业在供应链管理方面取得一系列成就，供应链管理再次引起了各行各业的关注，甚至被视为提升企业核心竞争力的重要方法。随着管理理念的更新，企业逐渐认识到一点，相较于降低成本来说，提高顾客满意度更重要。要实现这一目标，企业必须建立供应链协同，提升供应链的竞争力，满足顾客需求。

（一）从决策时间与范围分类

供应链协同可以划分为不同的类型。从决策时间与决策范围切入，可将供应链协同相关的研究划分为三层，分别是战略层、战术层、操作层。

（二）战略层

战略层属于最高级别的供应链协同研究，该层次的研究主要是以概念模型与协同管理思想为依据，从战略层面对供应链协同进行研究。

（三）战术层

战术层研究是供应链协同研究的中心课题，主要内容是对供应链企业间的协同策略进行研究，是把握供应链协同运作的重要环节。

（四）操作层

操作层研究是供应链协同实现的基础，对供应链同步运作需要的信息技术做了充分研究。对于供应链协同的实现来说，信息协同发挥着至关重要的作用。

（五）从内容和运作流程分类

从内容和运作流程方面切入，可将供应链协同划分为物流协同、供应链关系协同、信息共享协同、供应链网链结构规划与参数优化协同。

1.物流协同

物流协同包含了生产过程协同、产品类型与产量分配协同、库存优化协同、配送协同、补货协同等。

2.信息协同

信息协同包含了工作流协同建模、跨组织信息系统设计与信息共享、客户需求协同预测等。

3.供应链关系协同

供应链关系协同包含了激励和保障机制、合作与信任机制、契约机制、渠道收益的分配机制、风险分担机制等。

4.供应链结构规划与参数优化协同

供应链结构规划与参数优化协同包含了供应链成员选择、供应链拓扑结构选择与构建、成员设施选址、最优销售价格、订货策略等。

二、供应链协同优势与影响因素

（一）供应链协同的优势

供应链协同是为了通过对供应链资源进行整合而缩短响应顾客需求的时间，提升服务水平与质量，让顾客更加满意，从而增强企业及供应链的整体竞争力，降低企业及供应链的运行成本，提升企业及供应链的利润。具体来看，供应链协同的优势大致包括以下几个方面：获取优势互补资源；快速响应客户需求；提高服务水平；通过企业分工获得比较优势，下面将进行分别说明。

1. 获取优势互补资源

汇聚企业优势资源不是供应链企业合作的最重要的优势，将企业间具有互补性的资源汇聚在一起，让它们产生协同效应，产生"1+1>2"的效果。获取优势互补资源能增强供应链企业的市场竞争力，这种效益非企业合作不可得。

2. 快速响应客户需求

在经济迅猛发展、消费不断升级的市场环境下，客户需求越来越多元化，对单一产品及服务的忠诚度越来越低。客户不仅对产品的性价比提出了较高的要求，还要求服务完善，产品与服务具有个性化特征，能及时满足客户需求等。为此，企业要想更好地满足客户需求，提升客户满意度，与客户建立稳定且持久的关系，就必须加快响应速度，即时响应客户需求。

3. 提高服务水平

建立供应链协同之后，供应链各节点企业可对原材料采购、产品生产、产品运输等环节进行有效跟踪、控制，对整个供应链计划进行科学调整，以降低运作成本，获取市场价格优势，使供应链服务质量得到有效提升。通过对各企业的优势进行整合，供应链企业能以更低的成本、更快的速度为顾客提供比竞争对手更优质的服务。

4. 通过企业分工获得比较优势

面对激烈的市场竞争，因为资源有限，所以企业不可能自行经营所有业务，只能将为数不多的核心业务掌握在手中，集中企业的优势资源推动其发展。另外，企业可以通过专业化分工在某些方面获取竞争优势，利用外部资源满足其他方面的需求，通过多渠道发展避开市场竞争。当然，达成合作的各企业之间也可以实现协同发展。

（二）供应链协同的影响因素

供应链系统比较复杂，系统内的企业都保持着独立运作，有自己的运作目标和价值取向，相较于整体利益来说更关注个人利益，与整个供应链的发展目标相背离。根据相关研究，有以下几个要素会对供应链协同造成影响，分别是供应链主体的利益冲突；缺乏信息共享；供应链环节不确定；思维误区等，下面将进行分别说明。

1. 供应链主体的利益冲突

在影响供应链协同的各种因素中，利益是最重要的一个因素，已达成合作关系的企业因利益冲突导致合作破裂之事时有发生。具体到供应链来说，只有在供应链上各企业的利益达成一致，且整体利益大于个人利益的情况下，供应链协同才能实现。如果各供应链企业没有共赢意识，供应链协同就无法实现，自然也无法取得供应链协同效益。

2.缺乏信息共享

对于供应链协同来说，信息共享是关键影响因素。在现有的供应链模式下，供应商只能获得下游企业的订货信息，对于销售、库存等信息一无所知，也经常因信息不对称诱发"牛鞭效应"，导致上游企业无法对市场做出全面了解，难以对生产经营活动进行有效组织，从而导致资源浪费，成本增加。只有实现信息共享，位于供应链上游的企业才能对市场发展动向做出精准把握，对库存进行科学管理，进而降低供应链运行成本。

3.供应链环节不确定

因为客户需求、供应链环节运作实时改变，所以供应链各个环节都具有不确定性。再加上供应链设计、信息夸大等因素的影响，供应链协同更难实现。同时，一条供应链往往涉及多家企业，每家企业都经营着多项业务，每项业务又有多个环节。所有的供应链活动都需要供应链上的企业协作完成，所有的企业都有权利对自己的业务、资源进行处置，所以，整个供应链活动都处在实时变化状态，使整个供应链协同过程变得愈发不确定。

4.思维误区

现如今，几乎所有的企业都存在思想误区，认为信息是对供应链协同产生影响的关键因素，于是投入巨额资金从国外引进先进设备，盲目追求先进的信息技术，但基本上都没有取得预期的成果。事实上，对于供应链协同来说，信息技术只是一种工具，拥有先进的信息技术未必能实现供应链协同。所以，要想真正实现供应链协同，就必须对影响供应链协同的各个因素的尺度进行有效把握。

三、物流服务供应链的协同模式

采用协同运作模式的开放式供应链系统，其各个组成部分之间会相互影响，并以整体形式创造出一定的价值，也就是通常所说的"集体效应"这种价值产生方式符合"1+1>2"的规律，即整体效应大于各个部分相加的总和。值得关注的是，物流供应链协同效应不只发生在生产分销、货品供应环节，还包含了生产厂家、分销商、供应商之间的交易互动关系。

在物流服务供应链协同运作过程中，系统内部的客户、商家，在彼此交易及互动过程中会产生多样化的协同运作关系，这决定了系统的各个运营方式也呈现出不同的特点。对这些形态各异的协同关系进行对比分析能够发现，目前国内物流服务供应链协同运作模式主要包括三种，分别是点链式协同运作、线链式协同运作、全链式协同运作。

（一）点链式协同运作

现阶段，国内物流供应链系统中，不同成员间进行的浅层次协同运作即为点链式协同运作。虽然这些成员积极寻求彼此之间的合作，但各个成员从自身角度出发考虑问题，追求其最高利润的实现，难免会出现企业利用信息不对称，谋求自身利润最大化的情况。在具体运营过程中，可聚焦于自身核心业务的发展，实施专业化服务模式，并与集成商家达成合作关系，将非核心业务交给合作方来完成，进而更好地满足客户的需求，促使客户、集成商都实现自身的利益目标。在这个过程中，集成商要想获取更多资源，就要通过多元化渠道为客户提供更加优质的服务，并联手功能商在服务于客户的同时，尽可能地扩大双方的利润空间。在点链式协同运作模式下，客户、功能商之间为双重委托代理关系。

（二）线链式协同运作

物流供应链系统中，不同成员之间展开的较高层次的协同运作即为线链式协同运作。在这种模式下，各个成员之间的独立性依然较强，在产生某种特殊需求时，成员个体会从集体角度出发考虑问题。线链式协同运作关系中，成员个体对供应链总体发展的关注度比较有限，会积极提升自身运营的规范化程度。

从细分角度来说，线链式协同运作又包括两种：集成商与客户联盟，集成商与功能商联盟。在集成商与功能商协同运作的关系中，其内部节点能够促使客户制定未来的经济利益获取目标，如此一来，集成商与供应商就能获得进取动力，致力于提高供应主体的利润所得。以往，客户与主体之间存在的是委托代理关系，在该模式实施过程中，两者之间将体现为合作联盟关系。

（三）全链式协同运作

全链式协同运作是物流链系统中成员之间的高层次协作。各个成员的信息开放程度比较高，所以不同成员之间能够在合理范围内实现信息共享，并共同设置专业的决策团队，用于提高物流决策的科学性与准确性。在具体运营过程中，要优先考虑物流供应的利润获取问题，并根据自身发展需求采取针对性的策略，同时考虑供应链的长期发展。另外，在全链式协同运作模式下，要从宏观角度出发，充分发挥先进技术手段的作用，从整体上提高供应链管理及控制能力。

四、物流服务供应链的协同机理

和独立作业相比，处于协同运作机制下的开放式供应链系统中的结构单元价值创造能力将显著提升。物流服务供应链协同运作的影响并不限于简单的生产分销、货物供应等，生产商、供应商、分销商、零售商及物流服务商等产业链上下游主体都将获得更多的收益。

由于物流产业链参与主体的多元化，导致物流供应链协同运作体系将会催生多种类型的协同运作关系及流程。从不同节点参与主体的协同关系状态角度，我们可以将我国物流服务供应链协同运作过程分为以下几种：

（一）点链式协同运作

这是一种物流供应链中各节点参与主体的低层次协同运作模式，各参与主体虽然想要实现合作共赢，但为了达成盈利目的，专注于自身的利益最大化，机会主义大行其道，无法为合作伙伴提供必要的数据、人才等资源支持。

这种模式的逻辑在于企业将自身的资源与精力集中到核心业务领域，给客户提供最优质的服务；将非核心业务外包给第三方企业，而第三方企业通常会与其他企业合作，共同为目标用户提供服务。

（二）线链式协同运作

这是一种物流供应链中各节点参与主体的中层次协调运作关系，各参与主体虽然也重视自身的利益，但在部分场景中会为了整体长期利益牺牲自身短期利益。不过，它们在供应链整体效率与质量优化方面还存在较大的提升空间，更多的是针对局部环节提出较为严格的标准。

（三）全链式协同运作

这是一种物流供应链中各节点参与主体的高层次协调运作关系，各参与主体坚持共创共建、共赢共享原则，能够做到数据、人才、技术、资金等资源的高度共享，甚至组建专业团队统一制定物流服务管理决策。物流供应链整体利益最大化是首要目标，尊重各参与主体的差异化利益诉求，可以为了物流供应链的长期稳定发展，牺牲局部利益。

五、物流服务供应链的协同策略

（一）主动构建健全完善的沟通交流机制

企业充分发挥优势技术的力量，打造物流供应链交互运作系统，保证系统内知识流、信息流的畅通，提高整个沟通环境的开放程度，便于系统内各个环节之间进行高效沟通，构建健全完善的沟通交流机制。在此基础上，物流供应链各个节点的企业就能获得更多的运营指导，解决传统模式下不同企业之间信息不对称的问题，并促进企业之间的沟通互动，减少后期的盲目决策。在具体实施过程中，应该着眼于细节，注重以下几个方面。

第一，打造交流基础性平台，服务于企业之间的沟通交流。

第二，不断扩大信息共享的范围，实现深层次的沟通交流。

第三，促进各个节点之间的经验交流，为供应链运营提供指导。

第四，倡导不同企业在文化层面的沟通互动。

（二）快速衔接科学灵活的利益分配体制

从长远发展角度来分析，物流企业应该从各个方面谋求自身利益，才能长久地立足于市场上。从本质上来说，各个经济利益参与者以特定方式对其他参与者产生影响，即为利益机制的体现。利益分配方式的作用就在于，能够对各个利益主体之间的利益关系进行协调，并促进其利益的实现。在现代物流供应链系统中，各个节点之间存在一定的利益关联是很正常的，要想促进整个供应链体系的发展，就应该协调好不同节点之间的利益关系。现阶段，虽然国内物流供应链非常重视整体发展，但各个节点上的企业仍然习惯于谋求自身利益，而其价值取向、利益诉求之间都存在明显的区别。为了让局部发展方向与整体发展方向保持一致，应该做出如下几个方面的努力。

1. 进行利益制衡管理

设定相应的制衡机制，对供应链系统内各个成员间的利益关系进行管控与制衡。

2. 制定并实施灵活的利益分配机制

由于协同运作方式能够提高整个供应链的盈利能力和服务质量，其应用范围不断拓宽。但如果供应链运营所获利润得不到科学有效的分配，在其后续发展过程中则会挫伤企业参与合作的积极性，甚至有可能引发成员之间的矛盾和冲突，对整体发展产生不利影响。针对这个问题，有必要制定合理的利益分配机制，提高利益分配的效率及其公平性。

3. 建立人性化利益补充机制

在实施协同运作的物流供应链体系中，客户想要实现自身利润的最大化，且无须考虑物流服务工序流程方面的问题，要采取适当的发展措施，为客户提供相关的利益保障，并在此基础上提高供给方的利润所得，制定并实施人性化利益补充机制，处理好企业与供给方之间的利益关系。

总体来说，在现代化供应链系统中，企业之间、企业与客户之间都存在协同关系，不同的关系处理方式会对最终的协同效应产生不同的影响。在具体运作过程中，应该充分发挥优势技术的力量，对物流供应链包含的各类协同关系进行优化，致力于实现各个参与主体的最大化利益。

第四章　区块链技术下的数字供应链平台设计研究

第一节　区块链技术下的数字供应链平台系统设计

一、系统构构架设计

架构设计包括对系统的采用的物理实现架构和开发使用的逻辑架构进行设计，明确系统的组建方式、运行方式和逻辑部件之间的调用规则，笔者在这里结合系统实际需求，对旧的常规 DAPP 架构进行改进。下面介绍本系统的架构设计。

（一）系统物理架构

该系统总体上采用基于区块链的分布式架构，每个参与方负责运行一个以太坊区块链的共识节点。企业加入联盟链时需要线下申请，然后由管理机构为其发放统一的用于本系统的区块链初始化信息数据。各企业在自己的节点可以利用这个初始化信息并以特定的配置加入联盟链。之后企业可以通过平台自主注册一个账号，并用自己注册使用的区块链地址作为企业在平台的唯一标识，与企业实体进行绑定。以太坊通过识别地址来区分不同的参与方企业。系统的物理运行模型如下图所示。

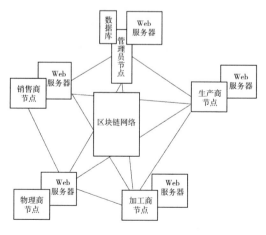

图 4-1　系统物理架构图

由示意图可知，系统管理员与生产商、加工商、物流商、销售商等供应链成员企业组成了区块链共识网络，每个机构运行一个带有服务器的以太坊节点。数据库服务器由管理员进行管理。消费者不参与区块链网络共识，但是可以在执行查询操作时访问系统。

首先让各节点通过相同的区块链初始化文件和相应的配置建立正确的连接，组成联盟链；然后各个节点创建自己的区块链账户，管理员部署智能合约，等待同步完成。

每个节点需要定义自己的 default Account，为自己准备绑定的区块链地址，只有这样在发送交易时才能被识别。每个用户需要先在平台注册，管理员为不同角色用户分配相应权限。用户拥有了权限之后在登录状态下可以在系统上执行相应的操作。

本分布式应用的运行过程为：①各主体的节点发起交易；②区块链上的节点同步此交易，检查交易有效性；③对符合要求的交易请求放在交易存储池中，并向其他节点转发，收的节点继续检查交易有效性；④所有节点争夺该交易的记账权，获得记账权的节点将交易信息、上一区块哈希值、时间戳、难度值等字段内容打包到新区块中；⑤记账节点将新区块向全网传播；⑥共识节点接收到该区块，利用签名算法、哈希算法等进行验证，验证通过后，将新区块加入本地区块链的链尾。

（二）系统逻辑架构

通常的 DAPP 的架构组成包括 HTML 页面、网页端 JavaScript，web3.js 库以及以太坊区块链，在这种最简单的 DAPP 架构下，虽然能满足区块链应用的基本要求，但是系统扩展性较差，需要前端做的逻辑处理较多。因此本文对其进行了优化，提出一种四层架构的程序框架，见图 4-2。

这里的系统分为应用层、服务层、合约层和数据层四层。应用层提供用户接口，服务层提供平台需要的 Node.js Web 服务，合约层由智能合约完成业务逻辑控制及区块链数据和数据库数据的存取控制，数据层负责区块链数据及数据库数据的存储。服务层和合约层之间通过以太坊暴露的 RPC 接口实现调用连接。

应用层是本系统对外交互的入口，用来实现对数据的采集和录入。通过直接面向用户，为用户提供友好的使用界面或接口，完成数据的初步收集。实际中应用层根据不同环节环境的需求可以有 webUI 或者物联网采集设备等。笔者在这里所讲的开发主要针对使用 webUI 的情形。

```
┌─────────────────────────────────────┐
│              应用层                   │
│                                       │
│         Web UI、物联网采集设备          │
└─────────────────────────────────────┘

┌─────────────────────────────────────┐
│              服务层                   │
│                                       │
│        Node.js      Web3.js           │
└─────────────────────────────────────┘

┌─────────────────────────────────────┐
│              合约层                   │
│                                       │
│         Solidity  智能合              │
└─────────────────────────────────────┘

┌─────────────────────────────────────┐
│              数据层                   │
│                                       │
│      以太坊区块链接数据     MySQ        │
└─────────────────────────────────────┘
```

图 4-2　系统逻辑架构图

服务层之中的 Node 是提供服务的核心，用来支撑整个应用的运行。在服务端承担了复杂的逻辑控制。之所以选择 Node 作为服务器是因为它采用了 JavaScript 作为其工作语言，而以太坊官方推荐的操作接口库 web3.js 也是面向 JavaScript 语言的。若直接使用浏览器 JavaScript 也可以操作以太坊区块链，但是这样应用程序的架构就会缺乏可扩展性。而增加了服务层之后系统的可扩展性和可维护性会更好，所以选择了既能满足区块链接口需求又能优化系统架构的 Node.js 作为服务器。以 npm 模块的形式包含在服务层中的 web3.js 是用来通过 RPC（Remote Procedure Call，远程过程调用）的方式操作以太坊区块链的一个函数库，是 Node 与区块链进行交互的关键模块。

合约层存放智能合约，主要负责与以太坊区块链的直接交互。用 Solidity 编写智能合约能实现直接对区块链的一些状态进行读取，如时间戳、块信息等，同时 Solidity 还提供了内置的密码学相关函数，可以用来对数据进行验证等。

考虑到在查询大量数据时访问区块链可能会有响应慢的问题，还可以设计数据库存储部分。数据库用来配合区块链实现量较大的数据的存储，这样可以合理安排资源，也让系统访问性能得到提高。

二、系统模块与功能设计

依照需求分析中的规划，笔者在这里共为系统设计了系统管理、跟踪追溯、流程管理、信誉管理四个功能模块。

平台共分为系统管理、跟踪追溯、流程管理、信誉管理四个模块。系统管理包括成员注册、权限管理、信息修改、成员删除以及信息发布等功能；跟踪追溯模块包括供应链各个环节的信息登记、信息查询和签名添加与验证功能，实现平台对货物商品的溯源，并用加以数字签名的方式保证信息的可信性；流程管理模块包括订货管理、收发货管理、余额与资金管理功能，为企业提供常用的供应链合作功能需求；最后信誉管理模块包括了订单评价、信誉计算和信誉查询功能，可以通过分析企业的交易数据及历史得分等对企业展开合理可靠的信誉评估。

系统管理模块中对成员的认证和角色权限管理是整个系统投入正常运行的重要基础，成员在注册之后才能进行对其他功能的使用，并且在拥有正确的角色权限标识后才能对跟踪追溯模块的相应环节进行登记以及使用流程管理模块提供的各项服务。信誉管理模块能够根据企业在流程管理的活动中累积的数据计算企业的信誉值，反过来又为流程管理中的活动提供参考。各个模块的详细设计情况介绍如下。

（一）系统管理模块

系统管理模块能实现管理员的身份认证、成员的自助注册、管理员对成员的权限管理、管理员对成员的信息修改、管理员删除成员和在平台发布公示信息的功能。

在系统管理模块中，管理员登录系统后，可以对企业在供应链进行角色和权限分配，为企业在平台中完成认证。使企业能在供应链中正确扮演需要的角色，执行相应的功能。同时，管理员还可以执行对成员的删除，当一个企业要退出某条供应链时，管理员通过用户管理模块可以将其删除，撤销其相应的权限和身份标识。管理员对企业用户的管理，关系到整个平台的正常稳定运行，因此具有重要意义。最后，管理员还可以在系统上发布公示信息，供消费者群众监督。

1.成员注册

成员注册由供应链成员企业在本地建设好节点服务后，访问平台主页，即可进行注册。注册时提交企业或机构名称、区块链地址、联系方式、企业或机构简介等基本信息，然后进行注册，成功后会返回注册信息。区块链也会记录下企业的信息，为企业生成一个专门的存储区域。注册的主要目的是将企业的信息同区块链地址进行绑定，以便于后续智能合约对企业的识别。只有注册后管理员才能看到企业的信息，才能为企业分配权限，企业才能执行相应的后续功能。

2. 成员权限管理

系统采用内置管理员账户，以管理员账户登录系统后，可以从系统查询企业的信息，然后针对要赋权的企业，选择它的所在的环节，为其赋予相应的权限。给用户指定相应的角色组，以其一个属性呈现。这部分主要是通过给企业的相应属性赋值，让其在执行相应环节的录入操作时有录入的权限。具体办法是，给每个企业的信息结构体中针对每一个环节设置一个 bool 变量属性 Rights，指示该企业在此环节是否有信息录入权限。

3. 成员信息修改

当企业名称变更、企业经营内容变更等情况，都需要对相应信息进行更新。在管理员账户下，可以对成员信息进行修改。

4. 成员删除

为了保护企业的权益，删除的执行需要企业首先提交线下申请，管理员根据企业提交的线下申请，明确某个企业确实要退出该区块链，这时才能执行删除工作。删除的执行将会把该企业的所有权限都收回，意味着企业不能通过自己区块链中的账号再在该平台进行活动。但是该账号的历史数据仍将被保留。

5. 信息发布

为了增加对违规行为的曝光率和加强对供应链生产流程的监督管理，让供应链企业更加明确自身行为的影响，本系统为管理员设计了信息发布功能。管理员登录平台后便可以在信息发布区域进行信息发布。

（二）跟踪追溯模块

跟踪追溯面向供应链.上的所有企业用户，为企业提供货物的实时情况，让企业准确把握货物的流转详细情况。同时每个环节的状态录入记录与区块链，数据的不可篡改使得面向任何机构和消费者时被查询到的信息的真实可信。

在跟踪追溯模块提供信息录入、信息查询功能。依环节又具体包括：原材料供应环节信息登记、加工环节信息登记、检验环节信息登记、运输环节信息登记、销售环节信息登记。每个环节有自己的关键参数指标，并且数据在上链之前需要加以登记者的签名，从而可以被验证数据的真实性。信息追溯是为了建立一个对供应链信息逐环节记录的效果。方便成员以及消费者、监管机构的查询和把控，以及追责监管的实施。

在该环节最重要的就是各个成员对自己所在供应链环节的信息的登记。可以设计了每个环节的登记内容，以及一种将签名添加到信息中并验证的办法。同时将数据库和区块链相配合，达到最合理的储存安排。

在执行登记动作时，首先由用户在页面填写货物详细的供应链登记信息，通过页面发送一个 ajax 请求将表单信息传到 Node 服务器，再接着 Node 服务器调用 web3.js 接口库中的 sign（）函数对传来的信息进行签名，生成签名结果，该签名结果通过自定义的 addSign（）方法保存到以太坊区块链上。保存成功之后，区块链上的智能合约通过 event 发送一个通知到 Node，这时 Node 继续将详细信息记入到数据库中，成功之后将结果返回给前端。各个环节登记的详细信息如表 4-1 所示。

表 4-1　各个环节登记内容表

环节	需要录入的信息
原材料供应环节	供应商名称、产地、生产条件
加工环节	加工商名称、地点、环境条件（温度条件、湿度条件）
检验环节	检验方名称、检验结果报告、负责人
物流环节	物流商名称、物流工具编号、位置、负责人
销售环节	销售商名称、销售时间、销售对象

这些信息都与数据库的设计相一致，详细信息将被储存于数据库中，以备用户查询。在登记时，执行录入函数时用 Solidity 的 modifier 机制加以控制。企业在调用录入函数时，智能合约会判断当前调用者是否具有执行该函数的权限，如果有，则可以登记，如果没有，则不能登记并返回错误。而且登记时信息要先存区块链，后存数据库，因为权限判断是在区块链上的智能合约中完成的。同时，设计了企业在进行信息往区块链上登记时防止其对同一产品重复调用登记功能的机制，具体实施办法如下。

以生产环节信息为例，当用户生成了信息的哈希及签名结果，点击提交至区块链时，系统调用 setProdInfo（）函数将信息保存至区块链。为防止多次对同一 id 的货物调用该函数，在 setProdInfo（）函数内部，添加了如下判断：首先需要满足登记的 id 所映射到的登记者（即生产商地址）值为 0×0，即表示还未被登记过，如果不是，说明已经执行过本项登记，则不能再执行该登记操作。这样就保证了对同一件货物的登记只被执行一次。

企业或者消费者可以通过在平台查询区输入包装上的编码查询到货物商品的追溯信息，并对信息进行真实性验证。

用户输入产品编码后，系统将搜索该编号的产品在各个环节的相应记录，包括环节信息和签名结果、责任企业的信息等。查询的结果将展示给查询者。针对每一个环节，都有"信息验证"功能，可以根据签名和所查到的信息的哈希代入 Solidity 的签名验证函数 ecrecoverU 计算签名者的公钥。如果得到的地址是声称的登记者的地址，则表明信息是由当前环节企业登记的，且信息未被篡改过。这样就双重保证了信息的可信性。

（三）流程管理模块

与跟踪追溯模块不同，流程管理模块主要与区块链进行交互。笔者所列举平台的流程管理模块提供了供应链合作中的服务，能让各个企业更好地管理自己的订单和上下游合作关系。流程管理模块提供的服务有：订货管理、收发货管理和企业资金管理等。

订货包括发布阶段、查询阶段、接单阶段、确认阶段四个环节。以及发布者还可以删除发布的订货需求。订货过程总体流程如图 4-3 所示。

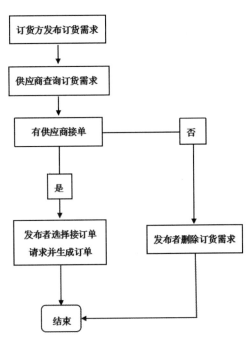

图 4-3　在线订货总体流程图

下面详细介绍各个步骤的实施过程：

一是订货方发布订货需求。在供应链中，货物的需求者即为订货方。订货方可以在平台上发布其订货需求，包括需要的货物名称、数量等。特别地，在需要提交的信息中，包含一个到期时间（expTime），用来控制每一条需求的可操作性。即如果一条需求在某时刻已经过了有效期，那么将不能被执行订货后续流程中的如接单等操作。这种设计增强了智能合约自动化处理效率，方便了用户的使用。

二是供应商查询订货需求。供应商可以在平台上查询已被发布的订货需求信息，查询可按照需求中的货物名称查询，在输入关键字后，智能合约将比较该关键字与已存在的订货需求中的对应关键字的 keccak256（）哈希值，当二者匹配时，为用户返回该订货需求的供应商名称、需求货物内容、订货数量及到期时间等关键信息。

三是供应商接单。只有在当前需求未被确认并且未过期的前提下，供货者才能对一个需求进行接单。智能合约会在这一请求发起时检查当前系统时间与之前规定的到期时间的大小，若超出有效期，则不能接单。在可以接单的情况下，接单者需要提交自己货物的售价及能提供货物的时间等信息，将来这项接单请求一旦被选择，所提交的信息都会被写进订单。而这些信息将会作为后期系统判断是否成功履约的考量指标。

四是发布者确认并生成订单。发布者在个人中心可以查看每一条自己已发布的需求的接单情况，然后通过比较接单者的信息，选择最合适的合作供应商进行确认。一旦确认，双方订单即生成，建立契约关系。同时其他接单者的接单记录变为无效，接单请求自动失效。建立的订单将对供货方产生责任约束，督促其完成承诺。订单约定了发货的内容、数量、到货时间等，作为自动付款合约触发时用来匹配比较的条件。

五是发布者删除订货需求。当不再需要一项订货需求，发布者可以删除该需求。删除操作的执行前提条件是，当前动作执行者（交易发送者）正是该需求的发布者，同时需要确保该请求为无人接单状态。需求被删除后，即不能再被查询到。

六是收发货登记。该子模块完成的是供应链上的企业在收到上游发来的货物或者将货物发给下游时需要执行的登记动作，包含收货登记和发货登记两类。在执行登记动作时智能合约会自动记录当前的时间，与订单中对应的时间进行比较，来判断供应商是否正常履约。

以收货登记的过程为例，当收货方录入货物名称、数量等信息后，系统会自动与订单中约定的信息及区块链系统当前状态信息（如时间）进行比较来判断此次发货方是否正确执行了订单约定。笔者在这里采用如下的认定规则和处理方式，即当收货方收到货物的信息与发货方承诺发送的货物信息一致时，认为发货方正确执行了订单，否则认为未能正确执行。具体来讲，正确执行约定包括货物名称一致、货物数量一致、货物到达时间未超出约定送达时间、货物发送时间未超出约定发货时间等要素。当判定为正确执行后，系统实施货款交付动作，而未正确执行时则向用户发送发货失败的通知，其中包含了具体的失败信息。这样可以让参与方及时对自己的管理过程做出调整，弥补损失。发货登记过程与收货登记类似，只是在输入发送货物的信息的同时，还要输入合作的物流商的地址和付给物流商的费用值，一次完成对物流商的转账操作。

七是资金余额管理。要实现资金余额的管理首先需要对平台使用的代币进行设计。通过代币提供的接口实现余额查询、转账。每次交易都会生成交易记录，企业可以方便地查看自己的交易记录。

支持代币定义是以太坊的一个很方便的特征功能，本书基于以太坊 ERC20 标准实现平台需要的代币。在 ERC20 协议下，指定代币名称、总量，并实现代币必需的交易接口。满足协议的代币才可以在交易所进行通用交易，以及被以太坊钱包 1VaST 识别，利于应用的使用。代币正确定义完成，后续的交易、转账才能正常实现。

代币设计好后，就可以基于所定义的代币进行各个企业余额的初始化，用于平台上执行交易、转账等操作。资金的初始化可以由管理员为各个企业分配一定的初始金额完成。当需要进行交易或转账时，通过调用代币合约定义的transfer( )函数接口完成。

在执行转账时，系统会判断输入的金额是否大于当前转出方的余额，如果大于，则不能进行转账操作。同时，还要验证转入方增加相应金额之后是否余额大于当前金额，如果否，也不能完成本次转账操作。这是为了防止恶意用户利用智能合约的整数溢出漏洞而设计的，以保障系统的安全性。

（四）信誉管理模块

信誉是互相合作中会参考的一个因素，信誉管理模块负责对供应链企业进行信誉的评判。这是基于历史数据和智能合约控制完成的，因而难以被篡改，具有较强的可信度。完成信誉管理首先需要每一个订货方在完成订单及收到货物之后对该笔订单进行评分，该评分会被作为对发货企业信誉计算的指标参数之一。企业可以对自己及其他企业的信誉度进行查询。

1. 订单评价

在一次订单结束之后收货方应当对供货方进行对此次交易的评价打分，满分100分，可打整数分。打分将影响供货方企业的信誉度值。

2. 信誉计算

智能合约依照买方的评分以及供货商的相关历史交易数据对供货商企业进行信誉的计算评估，作为其他企业以后对该企业进行合作时的选择参考。信誉计算被设计为当有查询请求发生时，才进行信誉的计算。这样可以一定程度节省以太坊虚拟机的计算资源。

3. 信誉查询

信誉查询集成在供应商选择功能中，使用要查询的企业的区块链地址即可查询该企业的信誉值。查询的执行过程是，先由信誉计算函数计算当前企业的信誉值，然后将计算结果传给查询变量。即每次在查询时进行实时计算，得到信誉值。这样有利于获得更加准确的查询结果。

第二节　区块链技术下的数字供应链平台关键技术解决方案

一、关键技术解决方案设计

本节将对本文开发的基于区块链的供应链信息平台在设计中遇到的关键问题的解决进行说明，主要包括签名的添加验证、时间戳依赖问题的结局以及信誉计算方法的设计。

（一）签名的添加与验证

在各个参与方登记环节信息时，需要为自己所登记的信息添加签名。本文设计了一种添加和验证签名的方法。过程为：首先通过以太坊 web3.js 库中的 .sign（）方法将待签名的数据进行签名，得到签名结果，接着将该结果存储在区块链中，将登记的详细信息存储在数据库中。信息查询者验证签名时先从数据库读取要查询的详细信息，用 keceack256（）计算哈希，然后从区块链读取签名结果，分解出 r，s，v 串，然后与计算出的收到的数据的哈希值一起，放入 ecrecover（）函数，若函数返回数据发送者的地址，则验证成功。验证签名在 solidity 中完成。接着，通过发送者的地址到企业的名称的映射，得到信息发布者的名称，直接展示给查询者。区块链中以一个结构体存放签名结果和时间戳，并由货物的 id 映射至该结构体，以建立货物和其信息的一一对应关系。

（二）时间戳依赖问题的解决

以太坊的区块验证打包允许误差时间是 900s，即两个节点对同一个区块的时间戳只要相差不超过 900s 都是可以正常被打包的。那么如果在智能合约程序中存在基于精确的时间戳的判断，程序执行结果就会受当前节点时间戳的影响，从而变得不确定，甚至被恶意节点利用，从而操纵程序执行结果。这种现象在以太坊中称为时间戳依赖。为了让智能合约避免因为各节点时间戳的不同导致错误的判断，笔者针对本系统中使用了时间戳的程序设计了避免以太坊时间戳依赖影响判断的解决办法。具体如下。

用户从浏览器端输入一个易读格式的日期后，首先由 JavaScript 将其转换成 Unix 时间，这里时间的单位是毫秒，共 13 位。接着将其保留前 10 位，即用截断法将毫秒换成秒（Math.floor（inputTime/1000）），再传给 solidity。这里以 block.timestamp 作为判断条件，依照以太坊的时间戳依赖漏洞避免原理，这样做的前提是程序允许有 900s 的误差，即智能合约在不同节点的 evm 中执行时，当它们的系统时间戳相差在 900s 之内时，对程序执行的结果没有影响。笔者在设置订货需求的过期时间以及在判断是否正确发货时使用了 block.timestamp 作为判断条件，所以要保证本文的程序具有 900s 的容差能力。那么相应的判断就需要做一些调整，如"当前时间≤过期时间"的条件应该调整为"当前时间≤过期时间 900 s"，"当前时间＜约定时间"应当调整为"当前时间＜约定时间 900 s"。这样即使因为本地的系统时间稍有偏差也会保证程序的正确执行，不会影响程序的判断。

（三）企业信誉管理办法的设计

这里设置了针对供应链上企业的信誉度评估机制，实际上是一个比较简单的评价指标体系。该体系可以动态地对货物供应商的信誉进行评价，计算出一个信誉度值，当被查询时，会展示给查询者。

1. 信誉评价指标体系设计原则

在多指标综合评价研究中，构建合理的评价指标体系是科学评价的前提。一般在评估体系设计中遵循的原则有"指标全面""不重叠"和"易于取得"，同时具备"科学性""合理性"和"适用性"。

2. 信誉评估办法设计内容

对于供应商合作伙伴的评价指标选取问题，早在20世纪60年代中期，由Dickson首先提出了23项评价合作伙伴的指标。后来经过学者的不断改进，又逐渐研究提出包括企业能力、合作程度和服务水平等三大类11个具体指标的方案。这里的信誉度计算的目的也是为企业选择合作供应商提供参考，所以参照了相关方案中的指标进行设计。

笔者在这里将供应商的信誉度设计为由，将指标设计为以下三方面构成：发货履约指数，平均满意度得分以及合作企业综合合作选择指数，信誉度定义为三者的平均值。发货履约指数及合作企业合作选择指数可以由之前其他的智能合约执行过程中自动生成的数据进行运算得出，而满意度得分的生成需要一项前提操作，即收货方为发货方打分。收货方收到货物后，可以在平台上根据自身对供货方的此次发货行为的满意度给予。0 ~ 100之内整数分的打分。0分代表最不满意，100分代表最满意。现以如下场景为例，说明本信誉管理办法的实施过程。

设在供应链的若干次交易中，A为供货方，B_1，B_2，$\cdots$，B_n为与A那么对A的信誉度评估计算方法为：

$$R_A = \frac{1}{3}(C_A + S_A + P_A) \tag{4-1}$$

式中，R_A为A的信誉度；

C_A为A的发货履约指数；

S_A为A的平均满意度得分；

P_A为与A合作过的企业（此处即为B_1、B_2、$\cdots$、B_n）对A的综合合作选择指数。

三项的满值都是100，因而信誉度最大也为100，实际的信誉度结果是取值在0 ~ 100之间的整数。R_A各部分定义及详细计算规则如下：

$$C_A = \frac{100 \cdot M_{Asuc}}{M_{All}} \tag{4-2}$$

$$S_{\mathrm{A}} = \frac{\sum_{i=1}^{n} \sum_{j-1}^{N_{\mathrm{BiA}}} S_{\mathrm{BiAj}}}{\sum_{i=1}^{n} N_{\mathrm{BiA}}} \tag{4-3}$$

$$P_{\mathrm{A}} = \frac{1}{n} \sum_{i=1}^{n} \frac{100 \cdot N_{\mathrm{BiA}}}{N_{\mathrm{Bi}}} \tag{4-4}$$

式中，M_{Asuc}。为 A 正确执行订单次数；

M_{Aall} 为 A 的执行过的订单总数；

发货履约指数 C_{A} 定义为 100 乘以二者的比值。乘以 100 是因为在 solidity 中对小数的表示支持还不完善。

在计算时会将除不尽的整数作截断处理。为了让结果保留更佳的精度，这里将计算数据先扩大了一百倍。由 C_{A} 的计算方法可知发货企业每正确执行一次订单会使其信誉度值得到一定程度提高，而失败则会使信誉度值减低。这也比较符合习惯的认知。式（4-3）中 N_{BiA} 为收货方 B_i（$i=1,2,\cdots,n$）与 A 的合作次数，S_{BiAj} 为收货方 B_i（$i=1,2,\cdots,n$）在与 A 的第 j（$j=1,2,\cdots,N_{\mathrm{BiA}}$）次交易中给供货方 A 的打分。将 A 的所有得分相加并除以总合作数目，得到当前供应商 A 的平均评价得分 S_A。式（4-4）中 N_{BiA} 是订货方 B_i 在 A 处下过的订单数，N_{Bi} 为订货方 B_i 的下单总数，二者求比值为订货方 B_i 在 A 处的下单比例，反映出 B_i 对 A 的合作偏好。同样为了保留计算的精度，将分子乘以 100。将 A 的所有客户的下单比例相加再除以客户数 n，便得到供应商对 A 的综合合作选择指数 P_A。

综上，基于本信誉计算办法，一个供应商的信誉将被较为立体地进行评估。其在供应链上进行相关活动时，由智能合约控制数据记录和更新，供应商的行为会直接影响到其信誉度的变化。这样就实现了对供应链参与方信用的自动评价。

信誉度将来会被其他企业在选择合作方时作为参考，所以在这样的控制机制下每一个企业都会努力维护自身的信誉度。信誉度值修改的过程由可信的不受人为干预执行的智能合约完成，保障了信息的真实可信。信誉度评估策略也能更好地督促企业诚信经营，有利于供应链的良性发展。

（四）智能合约与系统数据存储设计

依照访问的特征和功能的需求，本书将系统一部分的数据放在区块链上，一部分放在数据库上。区块链上的数据被嵌入在智能合约的相关数据结构设计中，因此首先对智能合约的数据进行了设计。有了数据还需要程序将数据运用起来才能完成功能，所以接着进行了智能合约对数据的使用设计，即智能合约方法的设计。数据库上的数据存储选用的是传统的关系型数据库 MySQL，它对多表查询以及事务处理的支持良好，根据书中的需求选择了该数据库进行数据存储。

1. 智能合约数据设计

在各模块中，为保证关键信息的不可篡改以及便于企业之间在链上执行供应链业务，同时充分利用智能合约对信誉的自动评估，这里将企业信息、环节信息的哈希、签名结果、业务相关信息以及信誉等信息以结构体和 mapping 映射的形式存放于区块链的 storage 状态存储中，以得到永久保存。相关主要数据设计如下（其中环节信息数据设计以生产环节为例）：

表 4-2　基于区块链的供应链信息平台的设计与实现

状态变量（storsge）	描述	包含内容
MemberInfo	成员信息结构体	企业或机构名称、成员区块链地址、联系方式、简介、权限标识、信誉值
Shipm entProdInfo	商品生产环节信息结构体	商品 id、生产商地址、追溯信息哈希值、签名结果、时间戳
Requirem entInfo	需求结构体	需求 id、需要货物名称、数量、需求到期时间、发布者地址、发布者名称、接单记录 id 组成的数组
AcceptRec	接单记录结构体	接单记录 id、所接的订货需求的 id、售价、接单者地址、接单者名称、承诺到货时间、承诺发货时间、boal 类型的表示是否被选择的标记（初始 =0，被选择 =1，被忽略 =2）
m apping（ades=> Me mberInfo）m emberI nfo	由成员区块链地址到成员信息结构体的映射	
mapping（sting=> Shipm entProdInfo）shipm entP rodInfo	由商品 id 到商品生产环节信息结构体的映射	
OrderInfo	订单结构体	订单编号、发货方地址、收货方地址、拟交易货物名称、数量、约定发货时间、约定送达时间、订单金额、评价得分

状态变量（storsge）	描述	包含内容
maping. adress= >uint）allamount	由企业地址到其总发货数的映射	
m apping（address= >uint suc c amn ount	由企业地址到其发货成功数的映射	
SendShipm ent nfo	发货记录结构体	发货记录编号、发货方名称、货物名称、发货数量
ReceiveShipm entInfo	收货记录结构体	收货记录编号、收货方名称、货物名称、发货数量、实际到达时间
TransRec	交易记录结构体	交易记录编号、资金收入方地址、资金转出方地址、交易金额、交易时间戳

表中列出了本文设计的成员、商品、需求等 8 个结构体，以及与其中部分结构体相关联的 4 个映射。在智能合约中结构体和映射都以 storage 类型即状态变量的形式存储，是直接存在区块链上的。通过智能合约的函数方法，便可以实现对这些数据的访问和修改。下面对本系统需要的智能合约方法进行设计。

2. 智能合约方法设计

基于以上对智能合约数据结构结构的设计，系统中主要智能合约方法设计如下。

表 4-3　智能合约方法表

方法名称	描述	参数	操作	限定
register（）	成员注册	密码、身份信息	输入企业基本信息，进行注册	
Set Produce Rights of Member（）	为成员分配生产环节录入权限	成员地址	由成员地址查找到成员结构体，然后修改该结构体中的成员权限变量值	onlyAdmin
addSign（）	签名信息的添加	商品 id、签名结果、信息哈希	成员权限变量值将web3.js 计算出的签名结果添加到商品id 对应的结构体中	执行者需要具备相应环节的角色身份
setProdInfo（）	生产环节信息登记	商品 id、生产信息哈希值、签名结果	将输入信息以及生产商地址信息、时间戳信息添加到商品 id 对应的生产环节信息结构体中	onlyProducer

方法名称	描述	参数	操作	限定
orderReqpublish（）	发布订货需求	需求货物名称、数量、需求的过期时间	记录发布者地址，生成需求id，发布	
findOrderReq（）	查询订货需求	货物名称	返回符合条件的订货需求	需要需求未过期并未被处理
orderTaking（）	对订货需求接单	订货需求id、承诺到货时间、承诺发货时间、售价	生成一条接单记录，记入对相应Id的订货需求的接单记录	
findMemberInfo（）	查询供应商信息	供应商地址	返回供应商的剧本信息，包括信誉值	
chooseRec（）	选择一个接单	选择的接单记录的id	将该接单记录的被选标记值改为1，当前需求的其他接单的标记值改为2. 生成订单。修改订单双方相关合作记录。	执行者为需求发布者
deleteOrderReqi（）	删除订货需求	订货需求id	使用sollidity的delete方法将订货需求数据清除	执行者为需求发布者，无接单记录
sendInfoInput（）	发货登记	货物信息、给物流商的物流费用、物流商地址	调用transferto（）向物流商转账，调用add Trans Rec（）增加发货方和物流商的交易记录	
receiveInfoInputi（）	收货登记	货物信息	判断是否收货成功，成功则调用add Trans Rec（）增加发货方和收货方的交易记录	
setScore（）	评分	针对的订单的id、评价的供应商地址、分数	为供应商在本次交易中的表现打分，更新得分记录	
calculateRepi（）	信誉计算			
getMemberInfo（）	企业信息查询	企业区块链地址	根据成员信息结构体返回信息	

方法名称	描述	参数	操作	限定
transferto（ ）	转账	转账对象地址	使用代币接口中定义的转账函数完成代币转账	
addTransRea（ ）	交易记录添加	资金收入方地址、交易金额	生成一条交易记录	
gettransparentRecord（ ）	交易记录查询	企业区块链地址	返回与相应地址相关的交易记录	

由表可以看到，这些智能合约方法逻辑互通，通过与数据的配合，可以完成相应功能。

二、数据库 E–R 图设计

数据库是本书的供应链信息平台的数据层中配合区块链进行数据存储的部分。在本系统中数据库被设计为用来存放监管机构发布的信息公示、环节登记的详细信息、订单数据以及一些重要数据的备份等。系统使用的是 MySQL 数据库，下面将对本系统的数据库的逻辑模型进行设计。本系统设计了公示、产品、原材料信息、加工信息、检验信息、物流信息、销售信息、供应链成员、订单、用户、管理员十一个数据库实体。具体内容如下：公示实体属性包括责任事件编号、责任企业区块链地址、责任事件名称、责任详细描述与整改情况。公示实体图如图 4-4 所示。

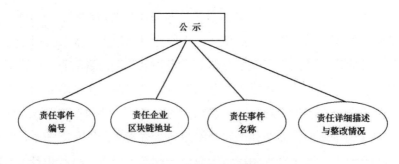

图 4-4　公示信息实体图

产品实体属性包括产品 id，产品名称，原材料 1，原材料组成 2，原材料组成 3。产品实体图如图 4-5 所示。

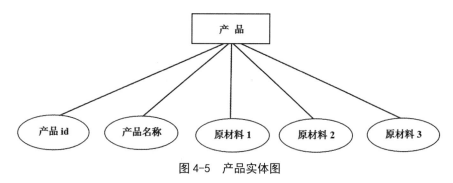

图 4-5　产品实体图

原材料信息实体的属性包括产品 id、产品名称、生产商区块链地址、产地、生产说明。原材料信息实体图如图 4-6 所示。

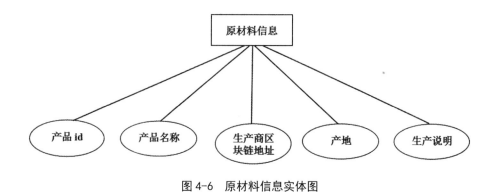

图 4-6　原材料信息实体图

加工信息实体的属性包括产品 id、产品名称、加工商区块链地址、加工地点、环境温度、湿度和卫生状况。加工信息实体图如图 4-7 所示。

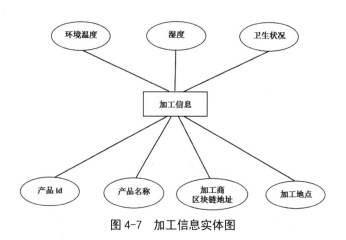

图 4-7　加工信息实体图

检验信息实体的属性包括产品 id、检验方区块链地址、检验结果、负责人。检验信息实体图如图 4-8 所示。

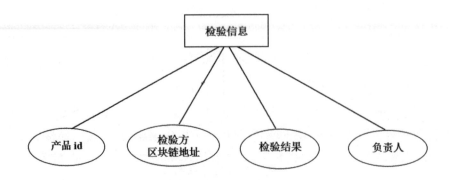

图 4-8　检验信息实体图

物流信息实体的属性包括产品 id、物流商区块链地址、物流工具、物流工具编号、所在位置、负责人，物流信息实体图如图 4-9 所示。

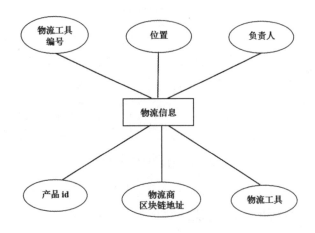

图 4-9　物流信息实体图

三、数据库数据表设计

根据数据库的 E-R 图规划，进行数据表的设计。由于管理员实体同用户实体的属性完全一致，本书将二者设计为同一个数据表，即用户表。所有数据表设计如表 4-4 至 4-13 所示。

表 4-4　公示信息表

字段名	含义	类型（长度）	主 / 外键	非空	唯一
reseventnum	责任事件编号	char（10）	主键	Y	Y
bcaddr	责任企业区块链地址	char（42）	外键	Y	N
reseventname	责任事件名称	varchar（20）	N	Y	N

续 表

字段名	含义	类型（长度）	主/外键	非空	唯一
redinfo	责任详细描述与整改情况	text	N	Y	N

表 4-5　产品表

字段名	含义	类型（长度）	主/外键	非空	唯一
shipmentid	产品 id	char（10）	主键	Y	Y
shipmentname	产品名称	varchar（20）	N	Y	N
materialid1	原材料 1 的 id	char（10）	外键	Y	N
materialid2	原材料 2 的 id	char（10）	外键	N	N
materialid3	原材料 3 的 id	char（10）	外键	N	N

表 4-6　原材料信息表

字段名	含义	类型（长度）	主/外键	非空	唯一
materialid	原材料 id	char（10）	主键	Y	Y
materialname	原材料名称	varchar（20）	N	Y	N
materialname	生产商区块链地址	char（42）	N	Y	N
producplace	生产地点	varchar（10）	N	Y	N
producinfo	生产条件	text	N	Y	N

表 4-7　加工信息表

字段名	含义	类型（长度）	主/外键	非空	唯一
shipmentid	产品 id	char（10）	N	Y	Y
shipmentname	产品名称	varchar（20）	N	Y	N
processeraddr	加工商区块链地址	char（42）	N	Y	N
processplace	地点	varchar（10）	N	Y	N
processenvirotemp	环境温度	float	N	Y	N
processenvirohumi	湿度	float	N	Y	N
sanitary conditions	卫生状况	text	N	Y	N

表 4-8　检验信息表

字段名	含义	类型（长度）	主/外键	非空	唯一
shipmentid	产品 id	char（10）	主键	Y	Y
inspectioninstaddr	检验方区块链地址	char（42）	N	Y	N
inspectresult	检验方地址	varchar（50）	N	Y	N
inspperincharge	负责人	varchar（10）	N	Y	N

表4-9 物流信息表

字段名	含义	类型（长度）	主/外键	非空	唯一
shipmentid	产品 id	char（10）	主键	Y	Y
logistprovidersaddr	物流商区块链地址	char（42）	N	Y	N
transportationtool	物流工具	varchar（10）	N	Y	N
transptoolid	物流工具编号	char（10）	N	Y	N
logisticsplace	位置	varchar（10）	N	Y	N
logistperincharge	负责人	varchar（10）	N	Y	N

表4-10 销售信息表

字段名	含义	类型（长度）	主/外键	非空	唯一
shipmentid	产品 id	char（10）	主键	Y	Y
retaileraddr	销售商区块链地址	char（42）	N	Y	N
selltime	销售时间	datetime	N	Y	N
producinfo	销售对象	varchar（10）	N	Y	N

表4-11 供应链成员表

字段名	含义	类型（长度）	主/外键	非空	唯一
memberaddr	成员区块链地址	char（42）	主键	Y	Y
name	企业或机构名称	varchar（20）	N	Y	N
describe	企业或机构简介	text	N	Y	N

4-12 订单表

字段名	含义	类型（长度）	主/外键	非空	唯一
ordernum	订单编号	char（10）	主键	Y	Y
ordername	订单名称	varchar（20）	N	Y	N
sendersddr	货物提供方	char（42）	N	Y	N
receiveraddr	货物接收方	char（42）	N	Y	N
requirementinfo	需求内容	text	N	Y	N

表4-13 用户表

字段名	含义	类型（长度）	主/外键	非空	唯一
userddr	用户区块链地址	char（42）	主键	Y	Y
userpsd	密码	char（128）	N	Y	N
username	用户名	char（10）	N	Y	N

第三节　区块链技术下的数字供应链平台系统实现与测试

本节内容从环境搭建和功能实现两方面对系统实现展开介绍，并通过设计测试用例对系统进行功能测试。

一、开发环境与联盟链搭建

（一）开发环境

系统全部在 Linux 上完成开发，具体环境和使用到的工具配置如下：

表 4-14　开发环境配置

开发环境	工具及版本
操作系统	Ubuntu 16.04
以太坊客户端	geth 1.7.3 stable
服务器模块	Node.js 8.9.4
服务器端编程框架	express 4.3
前端框架	j Query 2.2.1，bootstrap 3.3.7
数据库	My SQL 5.7

环境工具选用了使用者较多、文档丰富稳定版本，并且具备良好的相互兼容性，以保证系统开发的正确实施。

（二）多节点联盟链部署

以太坊虽然以公有链发布，但是它也可以搭建私链和联盟链。这里采用的是搭建联盟链的方式。搭建以太坊联盟链的过程如下：

1. 自定义创世块

创世块即一条以太坊区块链的第一个区块，因为需要搭建自己的区块链，所以需要定义一个自己的创世块。设置创世块配置文件 genesis.json 中，该 json 文件中包含一些特定的参数，描述了这条区块链的 id、出块的随机数、创世时间戳、gas 限制、挖矿难度等等信息。其中与后续智能合约开发关系最大的是 gasLimit，它规定了这条链最多允许消耗的 gas 量。gas 的大小在公有链中直接代表了具有价值的以太币的多少，但是在本文设计的联盟链中，以太币不再具有实际价值，因而 gas 的限制也可以放宽，此处设置为 "0x08000000"。同时，为了便于出块，挖矿难度稍减小，此处设置为一

个较小的值"0x020000"。Figure 5.1 genesisjson fle

2. 建立单节点私链并启动

配置好创世块文件之后，通过 imit./genesis.json 命令初始化节点，接着就可以启动单节点私链了，在 genesis.json 目录下执行 geth--identityMyNode01"--1pc --rpcc orsdomain ""-nodiscover--datadir"./chain"--port"30301"--rpcapi"db，eth，net，web3，pers onal" --networkid 2018 console 命令，即可启动单节点的以太坊私链，并进入 geth 控制台。启动命令规定了当前节点的名称为"MyNode01"，开启了 RPC 服务以能够被执行 RPC 调用，指定了不允许被其他节点自动发现，定义了区块信息存放目录，定义了当前节点的区块链服务端口"30301"，最后指定了开放的 RPCAPI，有 db，eth，net，web3，personal 等，都是为了后续能正常完成与之的交互，并且定义了当前区块链网络的 id"2018"。

3. 建立联盟链

采用在一台电脑上模拟多个节点的的方法建立多个节点的联盟链。具体过程如下：首先在一个新的目录下使用与（2）中一样的创世块文件，执行 geth 控制台启动命令。采取第一个节点相同的 networkid，不同的 identity 和 port、rpcport（默认 rpcport 为8545），这样之后才能正常完成接入。当 network 参数显示出当前连接的所有节点信息，说明已经连接成功。

连接结果：

Network：{

local Address："127.0.0.1：30302"，

remote Address："127.0.0.1：30301"

```
Network：{
local Address："127.0.0.1：30302"，
remote Address："127.0.0.1：30301"
}
```

多个节点可以以类似步骤加入，从而基于以太坊建立联盟链。组建联盟链后，一个节点的信息会被自动同步到其他节点上，因而保证着区块链数据的一致性。

二、系统实现

系统使用了 Node、数据库、以太坊、web3.js 等技术完成实现，下面将介绍系统的开发时进行的全局配置及部分关键的功能的实现情况。

（一）系统开发全局配置

除开发环境和工具的安装设置，在实现时还需要根据开发软件使用时的需求在程序中做一些全局性配置工作。如数据库的连接、web3 对象的获取等。相关全局配置如下。

1. 将 Node 服务器连接到数据库

首先通过如下语句建立基于 express 框架的 Node 服务器：

```
var express = require（'express'）；
var app = express（）；
var server = require（"http"）.create Server（app）；
server.listen（8080）；
```

接着配置 Node 服务器连接到数据库：

```
var mysql = require（'mysql'）；
Var pool=mysql.create Pool（{
host：'localhost'，
port：3306；
database：'supplychain Info Plat DB'，
user：'root'，
password：'654321'，
}）；
```

如上代码所示，这里采用数据库连接池方式建立连接，该种方式可以更合理地利用系统的内存资源，提高应用程序执行效率。

2. 在 Node 中获取 web3 对象

Node 获取 web3 对象，首先需要导入相应的 npm 模块，然后创建一个 web3 对象。过程为：

```
var Web3 =require（"web3"）；
web3=new Web3（new Web3.providers.Http Provider（"http：//localhost：8545"））；
```

在管理员节点，可以不对 default account 进行指定，使用默认的第 0 个账户。在其他节点，需要将 default account 指定为当前节点的区块链地址，如 web3.eth.defaultA ccount ='0x8888f1 f195 afa19 2cfe e86 0698584c030f4c9 db1'。

3.Node 中间件的配置

中间件是 Node 编程中的重要概念，也是重要组成部分。Node 的中间件是对用户的请求进行初步处理的程序。Node 有十几种常用的中间件模块，包括了对会话、表单信息传送、静态文件访问等方面的管理和设置。这里引入的 Node 中间件包括 static 中间件、body-parser 中间件、cookie-parser 中间件以及 express -session 中间件。关键配置信息如下：

```
app.use（bodyarser（））；
app.use（express.static（））；
app.use（cookieparser（））；
app.use（session（{
secret："cookiesec",
store：new My SQLStore（{
host："localhost",
port：3306,
user："root",
password："654321",
database："'supplychain Info Plat DB'"
}）
}））；
```

在实际配置中，应当由数据库管理员针对每个节点分配其各自的数据库用户名和密码，而不是都使用 root 的。

（二）系统部分功能实现结果

这里将对系统中几个有代表性的功能的实现情况进行展现。

1. 成员注册

成员注册界面主要由五个栏目组成，分别是企业或机构名称、区块链地址、联系方式、密码设置以及简介等。

供应链普通成员在注册页面输入企业或机构名称、区块链地址、联系方式、简介等基本信息，并输入自己要设置的密码，点击注册，即可完成在平台的注册，获得一个账号。

2. 生产环节的信息登记

生产环节信息登记页面有五项基本点，分别是商品 id、商品名称、生产商名称、生产地点以及生产条件等。进入这个界面之后，我们可以看到，平台已经自动识别了企业的账户和用户角色，并提示在页面上。以正确的身份登录系统，才能使用相应的功能。生产者在信息录入导航中选择下拉选项"生产环节"，进行信息录入。输入生产信息录入页面输入商品 id，商品名称，生产者的名称和生产条件信息，点击提交，即可完成对生产信息的录入。之后系统将通过智能合约的 event 返回给用户提交结果。

在页面上填写信息并提交后，会由 web3.js 生成 130 位的签名结果，通过在 Solidity 中定义的 event 返回给 Node，最后再通过 exprress 的 res.send0 方法传给前端。

3. 商品追溯信息结果查询

首先用户进入平台的"信息查询"页面，接着在追溯查询区域输入要查询的商品的编码，点击"开始查询"便可以得到商品的供应链生产流通全部信息。查询结果以一组折叠菜单展示。打开第一个原材料生成环节信息菜单，可以看到登记的详细信息。点击每个环节信息区域内的信息签名验证按钮，还可以进行信息真实性验证。

4. 订货需求发布

需要发布订货需求的企业在个人中心找到订货管理，然后选择"发布订货需求"进行需求信息填写。提交货物名称、数量、需求到期时间，完成需求发布。发布之后可以在"订货需求状态查看"功能区查看自己发布的订货需求及其状态，如被接单的情况等。

5. 收货登记

供应链上的企业间合作的最后一步就是收货，收货登记需要录入货物名称、数量，收货登记若执行成功，则触发后续的自动转账功能的执行。一次被标记为"成功"的收货记录还可以对发货方对信誉度造成影响。

6. 接单记录查看与选择

当发布的订货需求有接单之后，可以查看该订货需求的接单记录。点击接单企业名称后面的"查看介绍"按钮，可以查看该企业的详情，其中包含了信誉值。当对某一条接单记录点击"选择"后，页面会给出提示，并且接单记录的状态也进行了改变，选择按钮不再可用。

三、系统测试

根据功能设计的原理，针对开发的供应链信息平台选择了测试环境，设计了相应的测试用例，对系统实行了功能测试。具体介绍如下。

（一）测试环境

这里使用的测试环境如表 4-15 所示。

表 4-15 测试环境说明表

测试环境或工具	配置
操作系统	Ubuntu
区块链	Testrpc
浏览器	Chromium
硬件	Inter（R）Core（TM）i5-2430M CPU@3.3GHz 4G
智能合约测试 IDE	Remix

（二）测试过程与结果

对于智能合约的测试，使用智能合约在线开发工具 Remix 完成。

1. 测试

测试时，在 Remix 中写好合约代码后，首先在 Compile 选项中选择与代码中的声明一致的编译器版本，然后在 Run 选项下选择运行环境 Web3Provider，Remix 就会自动连接到已启动的区块链测试环境 testpc。接着选择要部署的合约，点击 Deploy 进行部署，看到列出了合约中的函数，就可以开始进行对合约函数的测试。对于系统整体的功能测试，由直接在界面上操作的方式来进行。

2. 测试结果

首先以成员注册功能为例，展示在 Remix 中对智能合约的测试结果。

在将智能合约部署好之后，在功能测试区输入功能需要的参数，点击功能名或者点击"transact"按钮，执行功能函数。这时在控制台去会看到相关的输出信息。从这些信息里面可以知道，合约已经按照我们在合约定义中的"event"输出了注册时提交的一些信息，便于我们掌控这样对区块链进行写操作的交易的执行效果。该 event 将利用 web3 中的相应处理接口提取到 Node 中，进而再传递给用户，使交易变得可视化。下面以注册、生产环节信息录入和订货环节的供货方接单功能为例，展示系统整体功能测试情况。测试用例及测试结果如表 4-16 所示。

表 4-16 成员注册功能测试表

项目名称	基于区块链的供应链信息平台		
测试功能	用户注册功能		
测试目的	验证用户注册功能是否正常		
测试用例	输入情况	期望结果	实际结果
1	注册表单的输入信息不完整	提交不成功，提示将相应的项目输入完整	与预期结果一致
2	输入的地址为已经被注册过的地址	提交不成功，提示"该地址已经注册过，请更换注册地址"	与预期结果一致

测试用例	输入情况	期望结果	实际结果
3	表单填写完整合规，经过前端 js 和后端数据库比对检验	注册成功，并返回注册的信息	与预期结果一致

生产环节信息录入测试用例如表 4-17 所示。

表 4-17　生产环节信息录入功能测试表

项目名称	基于区块链的供应链信息平台		
测试功能	生产环节信息录入功能		
测试目的	验证信息录入权限控制是否正常		
测试用例	输入内容	期望结果	实际结果
1	无生产信息登记权限的用户 B 地址，生产环节信息	提交不成功，提示"您没有操作权限"	与预期结果一致
2	有生产信息登记权限的用户 A 的地址，生产环节信息	录入成功，并返回录入的信息	与预期结果一致

由测试结果可知，生成环节信息录入的权限控制功能可以正常执行。

下面对接单功能进行测试，见表 4-18。

表 4-18　供货方接单功能测试表

项目名称	基于区块链的供应链信息平台		
测试功能	供货方接单功能		
测试目的	测试在各种情况下接单操作能否执行		
测试用例	输入内容	期望结果	实际结果
1	订货需求（其中过期时间小于当前节点系统时间 +900s），金额，供货方区块链地址	接单失败，提示"订货需求已过期"	与预期结果一致
2	订货需求（其接单记录已被处理），金额，供货方区块链地址	接单失败，提示"该需求已被处理"	与预期结果一致
3	订货需求（未过期，未被处理），金额，供货方区块链地址	接单成功，提示"接单成功，正在等待需求方做出选择"	与预期结果一致

由测试结果可知，接单功能可以正常按预期执行。

下面对收货登记进行测试，见表 4-19。

表 4-19　收货登记测试表

项目名称	基于区块链的供应链信息平台		
测试功能	收货登记功能		
测试目的	验证收货登记功能是否正常		
测试用例	输入内容	期望结果	实际结果
1	货物名称，与约定的货物数量不同的数量值	收货不成功，提示"数量错误"	与预期结果一致
2	货物数量，与约定的货物名称不同的货物名	收货不成功，提示"货物不正确"	与预期结果一致
3	与约定一致的货物名称，数量，收货时间超出约定时间 +900 s	提示"该批货物延迟到达"	与预期结果一致
4	与约定一致的货物名称，数量，收货时间未超时	收货成功，提示"收货完成"	与预期结果一致

由测试结果可知，收货登记的相关控制可以正常执行。

第五章 "一带一路"数字供应链战略研究

第一节 "一带一路"倡议与数字供应链战略

国际上对供应链管理的早期研究主要集中在供应链的组成多级库存、供应链财务等方面，主要解决供应链操作效率方面的问题。近年来的研究主要把供应链管理看作一种战略型的管理体系，研究扩展到所有加盟企业的长期合作关系，特别是在合作制造和建设战略合作伙伴关系方面，而不仅仅是供应上的链接问题，更偏重于长期计划的研究。

几十年来，我国从计划经济走向市场经济体制，几乎所有商品都实现了由卖方市场向买方市场的转变，供应链相应地由生产者推动型转变消费者拉动型。随着经济全球化程度的不断加深以及市场需求的多元化，以合作理念、双赢或多赢为目标的现代新型供应链管理模式逐步为企业所接受。供应链管理的发展经历了如下历程。

一、职能部门阶段——强调物流管理过程

第一阶段由 20 世纪 50 年代至 80 年代末。此时期的研究者认为；供应链是指将采购的原材料和收到的零部件，通过生产转换和销售等活动传递到用户的一个过程。因此，供应链仅被视为企业内部的一个物流过程，它所涉及的主要是物料采购、库存，生产和分销诸部门的职能协调问题，最终目的是优化企业内部的业务流程，降低物流成本，从而提高经营效率。供应链管理的研究是从物流管理研究起步的。起初，研究者并没有把供应链管理和企业的整体管理联系起来，主要是进行供应链管理的局部性研究，如研究多级库存控制问题、物资供应问题，较多的是研究分销运作问题，如分销需求计划等。基于这种认识，在早期有人将供应链仅仅看作物流企业自身的一种动作模式。

产业环境的变化和企业间相互协调重要性的上升使人们逐步将对供应环节重要性的认识从企业内部扩展到企业之间，从而，供应商被纳入了供应链的范畴。这一阶段，人们主要是由某种产品从原料到最终产品的整个生产过程来理解供应链的。在这种认

识下，加强与供应商的全方位协作，剔除供应链条中的"冗余"成分，提高供应链的运作速度成为核心问题。

在这一阶段，供应链执行决策是由各独立业务部门的核心管理人员制定的，很少考虑与其他部门的相互影响。由于业务信息缺乏标准化、数据完整性较差、分析支持系统不足、各自完全不同的技术系统，以及缺乏推动信息共享的激励机制，管理层在此环境下试图进行集中供应链计划的努力往往是徒劳无功的。

二、集成供应链阶段，强调价值增值链

这一阶段由 20 世纪 80 年代末至 20 世纪 90 年代后期。进入 20 世纪 90 年代，人们对供应链的理解又发生了新的变化：由于需求环境的变化，原来被排斥在供应链之外的最终用户、消费者的地位得到了前所未有的重视，从而被纳入了供应链的范围。这样，供应链就不再只是一条生产链了，而是一个涵盖了整个产品"运动"过程的增值链。

所谓供应链就是原材料供应商、生产商、分销商、运输商等一系列企业组成的价值增值链。原材料零部件依次通过"链"中的每个企业，逐步变成产品，交到最终用户手中，这一系列的活动就构成了一个完整的供应链（从供应商的供应商到客户的客户）的全部活动。

从这一阶段开始，供应链管理进入了集成供应链阶段。高级计划排程（APS）系统、企业资源规划（ERP）系统与业务流程重组（BPR）相结合，是这次转变的主要推动因素。在 20 世纪 80 年代末到 20 世纪 90 年代初，随着 BPR 的出现，企业领导人逐渐认识到把企业的组织结构与主管人员的相关业务目标和绩效激励机制结合起来，可获得效益。技术的进步以及计算处理成本的降低，加快了全企业范围的业务处理系统，如 ERP 系统的渗透。如今，高层管理者可以容易地得到标准化的业务信息，以及一套一致的不同业务、职能部门和地球区域的评价指标。随着 APS 系统的引入，供应链优化成为一项切实可行的选择。这也提高了日益集中的供应链计划流程效率。跨职能部门团队的协作推动供应链计划流程更加一体化，并将企业作为一个整体来看待。

各行各业的领先性企业均开始认识到如果要尽可能地提高效益，应该将需求预测、供应链计划和生产调度作为一个集成的业务流程来看待。因此，越来越多的跨职能部门团队以定期开会的方式，相互协调、制定最佳的销售和运营计划行动方案。与供应链计划一样，供应链执行决策也逐渐朝跨职能部门的一体化方向发展。现在，采购和制造部门能够共同进行原材料的采购决策，从而实现产品总体生产成本的最小化。

三、价值链网阶段，强调价值网络

进入 21 世纪，随着信息时代的到来和全球经济一体化的迅猛发展．供应链管理进入了一个新的发展阶段：价值链网络阶段。与此同时，人们对供应链的认识也正在从纯属的"单链"转向非线性的"网链"，实际上，这种网链正是众多条"单链"纵横交错的结果。正是在这个意义上，哈理森将供应链定义为"供应链是执行采购原材料，将它们转换为中间产品和成品，并将成品销售到用户的功能网链。"国家标准《物流术语》（GB/T18354—2006）将供应链定义为生产及流通过程中，涉及将产品或服务提供给最终用户活动的上游与下游企业，所形成的网链结构。

供应链的概念已经不同于传统的销售链，它跨越了企业界线，从扩展企业的新思维出发，并从全局和整体的角度考虑产品的竞争力，使供应链从一种动作工具上升为一种管理方法体系，一种运营管理思维和模式，其发展阶段如表 5-1 所示。供应链是一个范围更广的企业结构模式，它包含所有加盟的节点企业，从原材料的供应开始，经过链中不同企业的制造加工、组装、分销等过程直到最终用户。它不仅是一条增值链，物料在供应链上因加工、包装、运输等过程而增加其价值，给相关企业都带来收益。

现阶段的供应链更加注重围绕核心企业的网链企业战略合作关系。如核心企业与供应商、供应商的供应商乃至与一切前向的关系，与用户、用户的用户及一切后向的关系。此时的供应链概念形成一个网链的概念，如丰田、耐克、尼桑、麦当劳和苹果等公司的供应链管理都从网链的角度来实施，强调供应链的战略伙伴关系问题。供应链中战略伙伴关系是很重要的，通过建立战略伙伴关系，可以与重要的供应商和用户更有效地开展工作。

表 5-1 供应链管理发展的三个阶段

阶段		职能部门化阶段	集成供应链阶段	价值链网络阶段
时期		20 世纪 50 年代至 20 世纪 80 年代末	20 世纪 80 年代末到 20 世纪 90 年代后期	21 世纪以来
供应链计划		在各独立职能部门内进行供应链计划	关注业务流程变革	协同计划
		信息缺乏横跨企业的标准，可视性有限，供应链计划的效率低下	由于企业内信息的标准化供应链效率得以提高	反企业计划流程扩展到企业之外，包括签约制造商、主要客户和供应商
供应链执行		基于独立部门的供应链执行。通常是被动反应	集成的跨部门决策，仍主要属于被动反应模式	决策由企业内最适当的管理层制定
		决策通常由部门经理及其主要助手制定	有限的协作	更高比例的协同，预见性决策

四、中国发展的驱动力与国家供应链竞争力

（一）中国经济进入中高速增长阶段

中国作为人口大国，在改革开放30多年的时间里人均GDP由1978年的154美元上升到2016年的7962美元，由一个低收入国家跨入了上中等收入国家行列；由货物贸易占世界份额不足1%到成为第一货物出口大国，制造业增加值超过美国，成为全球第一制造大国；2015年GDP总量10.39万亿美元，连续六年保持世界第二大经济体的地位（2010年中国GDP总量超过日本，成为仅次于美国的全球第二大经济体）。

纵观工业革命以来各国（经济体）增长史，经济有起飞，就有降落，没有一个国家可以永续保持高速增长。中国作为一个追赶型经济体，在经历高速增长期后，增速已有所回落。未来十年中国经济将由过去年均10%左右的高速增长阶段转而进入6%—8%的中高速增长阶段。当前中国经济回落具有混合特征，增长阶段转换已经开启。一是基础设施投资的潜力和空间明显缩小；二是东部发达地区经济增长明显回落；三是地方融资平台、房地产市场风险明显增加。

未来十年，投资率将触顶回落（由接近50%降至40%左右），消费率逐步上升（达到55%左右）超过投资率。中国经济将过渡到以服务经济为主的阶段，农业比重继续下降，投资需求和出口需求增长速度的下滑导致第二产业和服务业的增长速度都有所下降，但第二产业下降幅度更大；消费结构升级促进服务业较快发展，未来十年服务业比重不断上升逐步达到56%左右。

（二）全球制造中心遭遇工业发展瓶颈

1.全球制造中心在全球范围内转移是历史规律

在经济学领域尚无"全球制造业中心"的明确定义。一般认为"全球制造中心"是指为世界市场大规模提供工业品的生产基地。《经济学人》杂志发表的关于"第三次工业革命"的文章指出：第三次工业革命是指以数字化、人工智能化制造与新型材料的应用为标志的工业革命，它直接的表现是工业机器人代替流水线工人，从而引起生产方式的根本改变，其结果将导致直接从事生产的劳动力快速下降，劳动力成本占总成本的比例越来越小，规模生产将不会成为竞争的主要方式，个性化、定制化的生产会更具竞争优势。英国、美国、日本都曾成为"全球制造业中心"，且前者都是被后者所取代，全球制造业中心转移是历史的客观规律。让我们看一下"全球制造业中心"在国际间转移的历程。

19世纪初，英国作为工业革命的先驱国在蒸汽机革命的带动下，以其发达的纺织业、采掘业、炼铁业、机器制造业和海运业确立了"全球制造业中心"地位，成为世界各国工业制成品的主要供应者。1820年，英国在世界贸易总额中所占的比重

为 18%，1870 年上升为 22%，其制成品产量占全世界 40%，铁和煤产量超过全世界 50%，1837 年机器出口总值为 49 万英镑，而到 1866 年就达到 476 万英镑，美国和欧洲大陆工业革命所需要的技术装备基本都是来自英国。英国全球制造业中心的历程延续了 70 年，培育了全方位的优势产业，形成了发达的纺织、冶炼和机器制造业、采掘业和海运业，以及在此基础上形成的服务业。

19 世纪后期到 20 世纪中叶，在电力革命的带动下，美国取代了英国，成为世界工业强国，19 世纪 80 年代，美国制成品上升为世界第一位，1929 年达到了全球制造业 43% 的最高点。在钢铁、汽车、化工、机器设备、飞机制造、电气产品、医药以及军事装备等制造业的各个领域，其生产规模和出口份额都位居世界前列，成为世界工业品出口的重要基地。第二次世界大战后，美国凭借其"全球制造业中心"的地位，成为全球经济霸主，并确立了世界科技创新中心的地位。

第二次世界大战后，日本经济飞速增长，经过 30 年的发展，一跃成为世界第二大经济强国，成为历史上第三个"全球制造业中心"。20 世纪 60—20 世纪 80 年代，日本以"机械振兴法"和"电子振兴法"为推力，从以出口重化工业产品为主导逐步转向以出口附加价值高的机械电子产品为主导，成为机电设备、汽车、家用电器、半导体等技术密集型产品的生产和出口大国。日本经济年均增长高达 9.8%，20 年内制造业生产增长了 10 倍。20 世纪 80 年代中期，日本许多工业制成品的产量都名列世界前三名，在国际市场上具有很强的竞争力和很高的市场占有率，成为世界上家用电器、汽车、船舶和半导体的主要生产国。

20 世纪末，在改革开放的推动下，中国以土地、劳动力和规模经济为主导，形成了新的制造业优势，取代日本成为全球制造业中心。2007 年，中国的高新技术产品出口跃居世界第一位；2008 年，超过德国，成为世界第一大工业制成品出口国。2015 年，家电、皮革、家具、羽绒制品、陶瓷、自行车等产品占国际市场份额达到 50% 以上。同时，中国也成为全球最大的制造业生产国，占全球制造业总产值的 19.8%，超过美国。工业品产量居世界第一位的已有 210 多种。以上数字表明中国已处于全球制造业中心的发展阶段。

2. 制造业竞争力分析

"中国制造 2025"战略提出我国由制造大国向制造强国迈进中国制造业增加值占全球制造业 30%，与美国相当，但却大而不强。主要制约因素是自主创新能力不强，核心技术和关键元器件受制于人；产品质量问题突出；资源利用效率偏低；产业结构不合理，大多数产业尚处于价值链的中低端。"中国制造 2025"规划应对新一轮科技革命和产业变革，立足我国转变经济发展方式实际需要，围绕创新驱动，智能转型、强化基础、绿色发展、人才为本等关键环节，以及先进制造、高端装备等重点领域，提出了加快制造业转型升级，提升增效的重大战略任务和重大政策举措，力争到2025年从制造大国迈入制造强国行列。

3. 制造业竞争力指数分析

2018年全球制造业竞争力指数研究显示：中国在当年及其未来五年位居首位。从制造业外部发展环境看，我国目前在全球具有一定竞争优势，这从2018年全球制造业竞争力指数研究的结论中可见一斑。但我们要清醒地认识到我国制造业的资源利用效力、产业结构不合理，生产的产品本身在自主知识产权、品牌、质量、附加值等方面与发达国家的先进制造业仍存在较大差距。

制造业竞争力指数研究指出中国的一些关键优势：劳动力及原料成本优势、政府大力投资制造行业、完善的供应商网络、科技投资、雇员教育和基础设施建设等。通过深入分析来自世界各地550多名制造业公司首席执行官和高管的调查反馈，报告明确指出制造业的竞争格局正在发生巨大变化。美国、德国和日本等20世纪的制造业中坚力量在维持其竞争优势方面将面临中国等新兴国家的挑战，印度、巴西将在5年后由2013年的第4、8位分别提升到第2、3位，而德美两国将由2013年的第2、3位变为第4、5位。同时，越南、印尼等亚洲边境市场正在崛起。制造商正在将发展的关注重点转向这些边境市场，以获取日益增长的本土消费需求并作为全球供应链的战略制造中心。

4. 制造业竞争力指数研究中驱动因素的不足

我们的制造业不仅规模庞大，而且竞争力真的如此强吗？

制造业竞争力指数重视的因素依次是：人才驱动的创新，经济、贸易、金融与税务体系，劳动力与原材料的成本与可获得性，供应商网络，法律法规体系，基础设施建设，能源成本与政策，本地市场吸引力，医疗保健体系，政府对制造业的投资。

这套驱动因素没有考虑制造业发展的其他一些关键因素。例如：制造业的边界与制约因素（如资源约束、环境承载力），各国在制造业发展的阶段性和结构特征（如发达国家制造业产品的品牌优势与自主知识产权优势、信息化发展水平以及各国不同的产业结构），影响制造业发展的供应链管理模式，而这些因素恰恰是像中国这个新兴的世界第二大经济体在制造业发展中的重要制约因素。

从该套指标考虑的因素自身来看，我们真正具优势的是基础设施建设、本地市场吸引力以及政府对制造业的投资等三项，而在其他因素方面我们离全球最佳还有一段距离。例如就人才驱动的创新而言，我国还没有真正进入创新驱动阶段，而美、德、日等发达国家已经进入创新驱动阶段几十年；从经济、贸易、金融与税务体系来看，我们的制度建设方面还有许多不足；我们的劳动力成本已经大幅度上升，在人均大宗原材料方面也相对贫乏；我国的社会主义法制体系还尚不健全，法制建设还需要不断改革完善；石油、天然气等资源短缺，能源成本没有绝对优势；医疗保健体系仍在深化改革。综合来看，在十项指标中的多数因素上我们与发达国家相比还有很多需要努力改善和上升的空间。

（三）新增长阶段、新增长点及改革推动

1. 中国经济由要素驱动向创新驱动转换

世界经济论坛（WEF）将经济增长阶段划分为五个阶段：要素驱动阶段、要素驱动向效率驱动转换阶段、效率驱动阶段、效率驱动向创新驱动转换阶段、创新驱动阶段。

按照 WEF 的标准，一个国家人均 GDP 超过 17 000 美元（2006 年现价美元），就进入了创新驱动阶段。如果以国际元计算，美国、德国、日本和韩国分别在 1962 年、1973 年、1976 年和 1995 年进入创新驱动阶段。这些国家由效率驱动向创新驱动的转换阶段分别经过了 5 ~ 13 年的时间，且越是后发国家所用的时间越短。

2. 新的经济增长关注点与改革落脚点

以往 30 多年的高增长阶段主要由农业转向以工业为主的非农产业，一方面农村大量的潜在失业人口提供了就业机会和人口红利；另一方面大大提高了劳动生产率。进入新的增长阶段后，提升效率的重点将转向非农行业内和行业间。国际经验表明：行业内的竞争和重组淘汰低效率企业，能够显著提升生产率。下一阶段，我国将进入工业化、信息化、城镇化和农业现代化同步推进的过程。新增长阶段可能的新增长点如下。

一是基础设施投资。例如：高铁、地铁、中西部地区的交通设施等，以及伴随"一带一路"等国际区域合作建设产生的基础设施投资模式出口等。改革的重点可能在以放宽准入、引入外部投资者为突破口，发掘基础设施领域的投资潜力。

3. 城镇化

未来 20 ~ 30 年，中国的城镇化率仍有 20 个以上的百分点增长空间，涉及 2 亿多人口。现有城镇常住人口中，有近 20% 的非户籍人口。城镇化改革将以加快土地、户籍、财税体制改革，提高城镇集聚效应和生产率为突破口。

4. 产业升级

与日本、美国相比，我们的工业增加值率还有 30% ~ 70% 的提升空间。工业增速放缓后，工业快速扩张期结束，产业内的竞争和重组将加剧，出现并购、重组的高峰期，从而产业集中度将大大提升。我国工业转型升级的四个关键点是自主知识产权、信息化、供应链管理模式、品牌提升与市场开拓。而农业进入现代化和产业化发展关键期，用地红线将严格控制，推行土地流转、贫瘠土地生态改造、农业技术创新与应用推广，重点调整农产品生产供应销售相关利益分配格局。从国际经验来看，一个国

家不可能在所有行业都具有全球竞争优势，这将是一个产业内部和产业之间深度融合、提高效率的过程。能在全球范围内有效配置资源的全球供应链系统建设一定是产业界创新、发展的重点领域。

5. 消费升级

收入倍增规划的实施将有助于提升消费比重。中等收入者是拉动经济增长的主要力量，预计 2020 年中等收入者的比重将达到 45%。促进升学、就业、创业等方面的机会均等，提高社会的横向与纵向流动性，调整收入分配结构、完善公共服务、发展消费金融将是改革重点。

6. 创新

技术创新、商业模式创新是创新的两大重点领域。

7. 更大程度更高质量地融入全球分工体系

通过改进贸易和投资活动，提高在全球价值链中的位置，并在某些领域形成新的竞争优势，如与基本建设能力相关的对外贸易、劳务输出和投资等。要谋求更高水平和更高质量地融入全球分工体系。例如：以人民币国际化推动国内金融体系改革；以与有关国家达成自贸区协议和参与区域经济合作为契机，推动国内相关领域特别是服务业领域的改革；利用国际研发、人才等高级生产要素，并使之与国内产业链有机衔接。

五、国家供应链竞争力的国际研究

国际国内市场竞争推动产业升级、技术创新和供应链绩效提高。国家供应链竞争力的评价是在理论分析的基础上，按照一定的体系对研究对象进行实证分析的实践过程。在这方面，世界银行会同国际运输代理协会等机构对全球 150 个国家和地区的物流业进行了分析评估，并根据货物清关速度，运费、基础设施质量、货物准时到达率、国内物流业竞争情况等指标进行全球物流业竞争力排名。

美国每年发布总统的"国家供应链竞争力报告"，世界银行每两年发布"全球供应链绩效指数（LPI）"报告（2014 年中国在全球排名 28 位），亚太经合组织提出成立"亚太供应链联盟"，推进贸易便利化，不少国家都把供应链战略列为国家安全战略。全球供应链绩效指数即 LPI 是一个国家或一个地区国内物流水平与参与全球供应链能力的国际性指数，由世界银行每两年发布一次。

中国的全球供应链绩效指数位于全球的第二梯队，即总分为 3 分以上的 51 个国家和地区的中间，高于所有的金砖国家。

世界银行 2012 年发布的报告指出，以下七个方面值得重视：一是物流的基础设施建设水平，特别是综合运输体系，是供应链绩效指数的基础：二是物流服务水平，核心物流提供商的服务和竞争力，是整个国家供应链绩效的重要方面；三是海关和边境手续效率，这涉及交易所用的时间节约；四是物流环境的优劣，包括法制环境、政策环境、政府效率，是否存在腐败性支付等；五是区域贸易便利化和一体化水准，反对贸易保护主义，实现广泛的信息共享；六是供应链发展的可持续性，绿色物流必须提上日程；七是软硬同步发展，经验表明，软硬件干预措施，可以互为补充。

2014年世界银行发布的报告又指出以下三点：第一，不同的国家都在采取措施提高国家的供应链绩效指数，低收入国家注重基础设施的改善以及边境特别是海关管理的改善；中等收入国家注意力主要在改善物流服务特别是专业化物流服务；高收入国家主要关注绿色物流的改善对环境的影响。第二，全球金融危机以来，世界经济格局正在改变，互联网、大数据.新能源等使世界复杂多变，面临新的挑战，供应链绩效成为国家竞争力的重要指标。第三，贸易便利化可以降低交易成本，降低物流成本，提高全球GDP，WTO出台的《贸易便利化协定》显得格外重要。

（一）中国供应链国家竞争力

1. 以往研究关注点

中国针对供应链竞争力以及绩效的相关研究目前集中于企业领域和相关产业链领域。国家供应链竞争力的宏观研究目前重点集中在国家物流竞争力。

王圣云和沈玉芳对我国1997年和2004年省级区域物流竞争力进行定量评价，分析了我国区域物流竞争态势，划分出我国区域物流竞争力的动态类型，并对我国区域物流竞争力特征进行研究。韩彪在生产要素成本、组织成本和要素质量三个方面对深圳和香港物流业的竞争力进行了实证分析。研究表明，深圳的要素成本比香港有明显的优势，但是深圳的制度成本比香港要高出很多。在生产要素质量方面，深圳与香港的"硬要素"差距不大，"软要素"差距比较大。深圳中低端物流业务的竞争力正在接近甚至超越香港，将促使原本在香港境内的此类业务向深圳、珠江三角洲等地区转移。宋则与张弘等人提出从物流总规模、对国民经济的贡献、流通效率、流通环境、流通效益、流通组织化程度、流通结构、流通人才素质、流通信息化水平、流通方式、流通资本等方面建立了中国流通现代化评价指标体系，但没有给出各个指标的权重及具体的评价方法。汪波与杨天剑等人提出从物流合理程度、物流子系统效率及服务水平、外部环境三方面建立评价指标体系。

姚建华提出从基础设施水平、产业基础水平、产业竞争潜力、产业经营效率等方面对物流产业竞争力进行测评，其评价体系影响物流产业竞争力的指标体系分解为4个一级指标，11个二级指标，13个三级指标，并对31个省、直辖市物流产业竞争力系数进行计算。所提出的评价指标体系有明显改善，但仍忽略了对区域物流竞争力影响较大的政府管理、制度、信息等指标，而且对所有指标都采用统计数据，没有考虑软指标。

邵万清从物流产业规模、物流产业效益、物流产业结构、物流产业资源﹑物流产业潜力五大要素，17项具体评价指标对物流产业进行综合评价。但由于物流产业数据不完整，没有运用该指标体系对我国物流产业发展水平进行实证分析。

2. 国家供应链竞争力研究

陈功玉等曾对国家物流竞争力做出如下概念界定：国家物流竞争力指一国在经济全球化的背景下于国内和国际两个市场中体现出来的现有物流服务能力与未来发展潜力的总和，是一国物流业的市场占有能力和物流生产力水平的集中体现。

借鉴以上研究成果，可以将国家供应链竞争界定为：国家供应链竞争力是指一国在全球供应链体系中的于国内和国际两个市场中体现出来的现在供应链服务能力与未来发展潜力的总和，是一国供应链组织与管理体系所体现出来的对资源的控制能力和对市场的服务能力的集中体现。

根据上面概念可知，国家供应链竞争力是国家参与国内、国际市场互动的国家能力的一种表现形式。概念中供应链服务能力又表现为服务实力和服务效率两个主要方面。随着国际市场的进一步开放，各国之间长期持续的竞争不可避免，这使得国家供应链竞争力不仅与本国的供应链发展水平有关，而且与国家参与市场竞争的深度及市场互动的激烈程度有关。所以，对国家供应链竞争力的衡量，本质上是对该国供应链发展的稳健性和可预见性的一种量化诠释。更进一步地，根据以上的概念界定以及产业竞争力的一般表述，可以从现实和未来两个角度来刻画国家供应链的总体竞争力，而现实竞争力和未来竞争力又可以分别从软实力和硬实力两个方面来描述。

（二）提升国家供应链竞争力的动因

1. 影响国家供应链竞争力的动因分析

国家供应链竞争力成因与全球供应链环境下各国对于供应链优化与服务能力的追逐有关。全球市场、国家制度、产业转型升级以及企业市场行为等方面是推动供应链发展的原动力。从影响与推动便于供应链发展的宏观、中观与微观三个不同层面可以归纳出如下三大动因。

一是获取国际市场资源配置的有利地位。全球化的资源、生产与消费的时空分配不均衡，各国需要通过提升供应链竞争力以取得国际市场资源配置的有利地位。不同国家气候、地理、矿产资源、生物资源位置等方面的差异，使得国家经济发展的起点大相径庭。各国根据自身的资源、资金与人力等的比较优势重点发展不同的产业，这直接形成了社会分工专业化程度的加深，已形成了国际产品供应和消费需求的不对称。全球统一市场中各种原料、产品时空分布的不均衡性以及市场需求的国际化，推动了全球供应链的活跃发展。现代物流与供应链管理一直被人们看成是实现物质资源配置的便捷渠道和最终途径。强有力的运输、仓储、配送能力，高效、协调、敏捷的物流供应链体系是各国在获取并控制资源之后必须从战略上考虑建立的"软环境"。

二是强化国家产业竞争优势。全球产业发展不断升级与转移，加强各国相关产业的竞争优势需依赖全球供应链服务能力的迅速提升。产业竞争是国家竞争的主要战场，随着由资源、资金驱动的竞争发展到由创新、增值驱动的新型竞争，国际产业竞争日益加剧，竞争的广度与深度不断拓展。在这种情况下，产业升级是积极应变的关键。传统生产产业如制造业、采矿业以及加工工业，在技术进步导致总成本下降的同时，采购、运输和仓储成本所占比重却逐年上升。原材料运不进，产品运不出的矛盾时有出现。产品销售渠道的不畅通，物流配送组织的不力，则直接制约了企业客户服务水平的提高。供应链不仅从整体最优的角度考虑产品的运输、包装和仓储，而且其目标是提高服务满意度，这将使具有优势的传统产业服务能力得以延伸，价值链也随之得到延伸。总之，传统生产企业的现代化转型依赖现代物流与供应链的发展。农业现代化的发展也亟需物流业的大力支持。通过建立城乡一体的物流体系、农资配送体系等措施，现代物流在服务于新农村建设的同时，也为农业经济的发展拓展了空间。值得一提的是，随着第三方物流出现，企业物流需求向专业物流市场释放，更多的第一产业和第二产业向第三产业转移。因此，物流与供应链竞争力的加强将使三次产业的比例更加合理，产业结构得到优化。

三是挖掘企业新的生产力机会。企业发展需要不断寻求利润空间，提升国家供应链竞争力，使各国为本国企业挖掘新的生产力提供了机会。如何摆脱资源禀赋、劳动力等自然属性在激烈的国际竞争中获胜是各国政府积极探寻的问题。根据比较优势和竞争优势理论，各国可以选择有比较优势的产业发展，同时通过技术创新、管理创新来获取竞争优势。供应链可以对传统物流进行流程再造，需要对技术和管理方式进行改革，而该领域的改革创新将提高相关产业生产资料的利用水平和劳动者的工作效率，从而释放出更多的生产力，突破现有的利润空间，并将这些潜力转变成综合实力。

2. 影响国家供应链竞争力的关键因素分析

一是供应链绩效。国家物流与供应链竞争力在国际市场上的最直观体现就是一个国家的供应链绩效如何。无论该国的物流设施网络资源如何丰富，组织上如何合理，信息技术如何先进，顾客所能感受到的只能是最终的服务，服务效率低下不利于产业的良性发展。

二是网络规模。如果说效率指标带有一定的偶然性，那么供应链网络规模因素则是对国家供应链竞争力基础的客观度量。试想，企业为了向顾客展示其服务水平的高低，可以不计成本地通过挪用、暂借甚至冒用其他部门或者企业的人、财、物等来提高服务效率，从而取得短期的顾客信任并借此拿到不菲的订单。而这些表象并不是企业真正实力的体现，一旦遇到资金链断裂、客户需求调整等服务过程中的突然变化，企业却没有实力来适应这些变化。所以，企业自身资源局限和额外成本剧增的长期积累必然会带来服务效率的骤降。一个企业如此，一个国家也是如此，效率与规模的相互制衡是国家供应链竞争力研究必须考虑的问题。

三是发展潜力。从竞争优势理论的观点出发，一国如果想摆脱资源禀赋因素的约束来提高自身竞争力，则需要以更加广阔的视野，通过主观能动性的发挥，在动态发展的竞争中取得优势。波特认为除了资源要素外，需求要素、产业支持、企业战略、机遇和政府引导等多种因素将会从不同层面对国家整体竞争力产生影响。需求要素、战略以及政治环境等都是国家供应链竞争力产生和发展的基本土壤。这里强调的发展潜力，就是说竞争力的分析和评价不能只停留在现状上，而是考虑各国发挥主观能动性提升服务水平的积极作用。发展潜力因素所覆盖的指标将进一步刻画形成和发展国家供应链竞争力的间接基础。

综上所述，国家供应链竞争力的分析和评价可以以三类主要因素为切入点进行全面、立体地剖析。

六、国家供应链竞争力评价指标体系

采用因子分析法对国家供应链竞争力进行综合评价。采用因子分析方法可以帮助人们建立起一个逐步优化，而且客观性较强的综合评价指标体系。这样的综合评价指标体系由两个部分构成：一部分是初步的指标体系，它根据关键因素分析和描述模型的结果，形成以实力、效力与潜力为大类的描述指标系统，每一大类指标系统中又有起主导作用的核心描述指标，其他指标起支持和补充作用。另一部分是在因子分析的基础上，将描述指标体系进行科学的内部调整，最大限度地抽取有用信息形成解释性更强的竞争力综合指标体系，同时也能够对各指标进行客观的加权，得到最终的国家供应链竞争力综合得分。两部分是一个有机整体，形成了一个动态化的国家供应链竞争力综合评价指标体系。

（一）中国国家供应链战略关注重点.

中国已明确以"一带一路"建设为重心的全球供应链战略。下一阶段中国国家供应链战略的重心应以提升竞争优势和建立长期稳定的全球供应链体系为主，积极主动参与并调整全球化参与方式。

主动调整供应链全球化参与方式，关键在于确立开放创新理念，更加积极、透明、可预见地融入全球分工进程；以供应链服务水平提升与效率提高为突破口推动贸易结构升级，全面提升配置全球资源的能力和竞争力；在全球供应链公共产品领域和全球供应链治理中发挥积极的建设性作用，承担与中国全球制造中心和第二大经济体相适应的全球供应链建设责任，逐渐形成有中国特色的、开放创新、优势升级、内外协调、互利共赢的全球供应链体系。

（二）搭建全球供应链体系，提高全球资源的整合能力

提升企业参与国际分工和全球供应链的深度和广度，提高制造服务业与商业服务业的国际化水平，有序推进供应链相关领域的对外开放。支持各种所有制企业开展国际供应链经营业务，加快培育一批竞争力强、影响力大的跨国公司及跨国供应链服务商。加强国际能源供应合作，实现重要战略资源供应的多元化。提高海外利益安全保障能力，加强对海外人员和投资的保护。

（三）实施金融开放和人民币区域化，维护金融安全稳定

按照"主动、可控、渐进"原则，推进资本账户完全可兑换，增加人民币在重点区域和重要商品的经济交往中的应用。有序推动金融市场的对外开放，提高外汇储备投资的安全性和战略效益，维护金融稳定和供应链领域金融安全。

（四）推动区域经济和供应链服务一体化

动区域经济和供应链服务一体化，促进商品和服务贸易自由化以全球供应链、全球价值链的共赢和发展为出发点，促进多边贸易体系发展，积极推动区域经济一体化、供应链服务一体化。在多边贸易体系中发挥更加积极的作用，推动商品和服务贸易自由化。加快实施自由贸易区战略，大力推动"一带一路"等区域经济合作。处理好与主要贸易伙伴的经贸关系与供应链联系，深化与新兴市场国家的供应链合作，协同推动沿海、内陆、沿边开放与供应链区域合作。

（五）参与全球供应链治理，争取有利的供应链一体化国际环境

按照"开放、公平、包容、可持续"原则，积极参与全球供应链治理及相关标准、规则的修订制定、推动全球供应链治理改革。在全球供应链基础设施与骨干信息平台建设中发挥建设性作用，提升我国官、产、学、研、商各界融入全球化的能力。在维护好自身利益的基础上，与全球供应链各方形成长期的、较为稳定的互利共赢格局。

（六）强化国际供应链组织中心与国际物流中心功能

提高渠道运营质量和能力。从维持和提高我国国际竞争力的观点来看，要重点改善和提高大型国际交通枢纽、核心国际港口及大城市圈中心机场、高等级干线公路等网络与节点，畅通国际物流通道，并有效使用信息技术与大数据应用来提高现存设施

的管理运营质量和能力,强化国际商流、物流、资金流、信息流汇聚功能。

(七)加大供应链治理模式和技术创新,推进新模式示范与应用

虽然中国创新水平与发达国家的差距在缩小,但在创新效率和成果产业化方面不仅落后于发展国家当前水平,也低于多数发展国家在相同发展阶段的表现,创新对经济增长的促进作用还没有得到充分发挥。建议在目前及将来有一定竞争力的产业领域营造公平、宽松、有序的供应链模式创新、技术创新环境,大力推进新模式示范与应用。

七、"一带一路"倡议与国家供应链战略

(一)"一带一路"提出背景与概况

2013年9月和10月,中国国家主席习近平出访中亚和东南亚国家期间,先后提出共建"丝绸之路经济带"和"21世纪海上丝绸之路"(简称"一带一路")的重大倡议。得到了国际社会高度关注。

2013年11月,十八届三中全会审议通过《中共中央关于全面深化改革若干重大问题的决定》,要求"加快同周边国家和区域基础设施互联互通建设,推进丝绸之路经济带、海上丝绸之路建设,形成全方位开放新格局"。2015年2月1日,张高丽主持召开推进"一带一路"建设工作会议,成立"一带一路"建设工作领导小组,安排部署重大事项和重点工作。2015年3月,李克强在《政府工作报告》中多处阐述"一带一路"。2015年3月28日,发改委、外交部、商务部联合发布了《推动共建丝绸之路经济带和21世纪海上丝绸之路的愿景与行动》,标志着"一带一路"从设想、规划进入实施阶段。

"一带"指的是新陆上丝绸之路经济带,起点是中国,中亚和俄罗斯是桥梁,欧洲是终点,非洲是延伸线,其重点方向有三个:一是由中国经中亚、俄罗斯至欧洲的波罗的海方向;二是中国经中亚、西亚至波斯湾、地中海方向;三是中国至东南亚、南亚、印度洋方向。"一路"指21世纪海上丝绸之路,起点是中国东海和南海,贯穿太平洋、印度洋沿岸国家和地区,其重点方向有两个:一是从我国沿海港口过南海到印度洋,延伸至欧洲;二是从我国沿海港口过南海到南太平洋。从途经路线和辐射范围看,"一带一路"是以我国为起点和中心,向北与俄罗斯的交通线连接,东边连接东亚日本和韩国,向西通过中亚连接西欧,向西南通过印度洋连接到北非,把东亚、东南亚、南亚、中亚、欧洲,非洲东部的广大地区联系在一起。"一带一路"贯穿亚欧非大陆,一头是活跃的东亚经济圈,一头是发达的欧洲经济圈,中间广大腹地国家经济发展潜力巨大,辐射范围涵盖东盟、南亚、西亚、中亚、北非和欧洲,沿线65个国家,总人口约44亿,经济总量21万亿美元,分别占全球63%和29%。应该说,

"一带一路"构想创造经济增长新动力，改进全球治理新途径，对中国以及其他覆盖的国家具有重要的意义。

（二）"一带一路"倡议促进未来国家 30 年全球供应链建设

"一带一路"重大倡议秉承开放包容的丝路精神，不限国别范围，不是一个实体。这不仅是中国自身的战略构想，更是沿线各国的共同事业一契合沿线国家的共同需求，为其互补互利互惠开启新的机遇之窗。

国家主席习近平 2017 年 5 月 14 日在"一带一路"国际合作高峰论坛开幕式上发表题为《携手推进"一带一路"建设》的主旨演讲，强调坚持以和平合作、开放包容、互学互鉴、互利共赢为核心的丝路精神，携手将"一带一路"建成和平、繁荣、开放、创新、文明之路。

习近平指出，"一带一路"建设植根于丝绸之路的历史土壤，重点面向亚欧非大陆，同时向所有朋友开放。不论来自亚洲、欧洲，还是非洲、美洲、都是"一带一路"建设国际合作的伙伴。"一带一路"建设共商，成果共享，是伟大的事业，需要伟大的实践。需要一步一个脚印推进实施，一点一滴抓出成果，造福世界，造福人民。

经济全球化、区域经济一体化已成为世界经济发展的主流趋势，在经济一体化潮流的推动之下，各种多边经济合作机制不断涌现，跨境跨区域合作成为新时代的重要特征。"一带一路"倡议既有利于全球经济复苏和发展，也同时为沿线国家的发展和赶超带来新的机遇。"一带一路"倡议的实施也意味着将来中国与沿线国家在物流、人流、资金流、信息流实现互联互通，是构建全球供应链体系的重要倡议，这将带动我国与沿线国家对外开放实现一个新的历史性突破。古丝绸之路绵亘万里，延续千年，促进了东西方不同文明，不同国家，不同民族之间的贸易往来和文化交流。习近平指出"一带一路"倡议顺应时代潮流，适应发展规律，符合各国人民利益，具有广阔前景。我们要乘势而上、顺势而为，推动"一带一路"建设行稳致远，迈向更加美好的未来。

第二节 "一带一路"为数字供应链带来的机遇及挑战

一、"一带一路"的内涵

2013 年 9 月和 10 月，国家主席习近平在出访中亚和东南亚国家期间，先后提出共建"丝绸之路经济带"和"21 世纪海上丝绸之路"（以下简称"一带一路"）的倡议，得到了国际社会的一致好评与广泛响应。

　　"丝绸之路"在中国文明史上曾写下了光辉的一页，"丝绸之路"分为"陆上丝绸之路"和"海上丝绸之路"。"陆上丝绸之路"从西汉开始，繁荣于汉唐。"陆上丝绸之路"以西安为起点，南路到达印度，北路到达中亚各国，西路到达地中海与北非。"海上丝绸之路"开辟的时间晚于陆路，兴于隋唐，盛于宋元，明初达到顶峰，明中叶因海禁而衰落。东洋航线到达朝鲜和日本，南洋航线到达东南亚各国，西洋航线到达南亚．阿拉伯和东非沿岸各国。在打通"陆上丝绸之路"和"海上丝绸之路"中，有国家的意志，有商人的参与，更有像张骞、郑和这样的历史功臣。

　　"丝绸之路"的兴起有四个条件：一是商品经济的发展，从公元前2世纪到公元13世纪，中国的封建社会经济繁荣，需要与外国进行商品交换与文化交流：二是商人的出现；三是货币成为交易媒介；四是交通工具的发展，特别是造船业。中国的"丝绸之路"，对中国古代经济与文化的发展，以及对周边国家经济与文化的繁荣，起到了重要的作用。

　　人类已进入21世纪，当今世界正在发生复杂深刻变化，世界多极化、经济全球化、文化多元化、社会信息化、消费个性化的趋势要求新的国际关系，改变经济与社会发展方式，完善经济治理结构，走和平与发展之路。在这一关键时刻，中央领导提出建设"一带一路"意义重大，历史将证明这是一个可以改变世界格局的倡议。2016年3月28日，国家发改委、外交部、商务部发布了《推动共建"丝绸之路经济带"和"21世纪海上丝绸之路"的愿景与行动》，标志着"一带一路"已进入全面实施阶段。

　　提出与推进"一带一路"的意义，可以从不同的角度去理解，最重要、最核心的是推进"一带一路"沿线国家经济发展模式的改变，这种模式就是全球供应链，包括国家供应链、产业供应链、城市供应链与企业供应链，通过市场化运作，实现国家、区域相互之间的资源优化配置，经济要素的自由流动，优势互补，提升每个国家的综合国力与核心竞争力，共同打造政治互信、经济融合、文化包容的利益共同体．命运共同体和责任共同体。推进全球供应链，可以建立一种新型的国家关系，特别是经济关系。随着技术的进步，人类正在改变自己的历史，正在改变经济的发展方式，正在改变人类的生存方式。

　　现在，对中国倡议"一带一路"有各种各样的解读，有三种观点是特别错误的：

　　一是认为"一带一路"倡议是中国为了向国外输送过剩产能，保证中国稳定的增长率。不能否定，任何一个倡议的提出都会服务于国家利益，但中国提出"一带一路"不是短期行为，中国在追求国家经济发展的同时，力图带动全球经济的发展。全球金融危机以来，世界经济下行压力加大，但中国对全球经济增长的贡献率超过30%，中国经济的发展离不开世界，世界经济的发展也离不开中国。目前，中国经济的发展同样遇到了一些问题，进入"三期叠加"的新常态、新经济，我们提出了"创新、协调、绿色、开放、共享"的五大发展理念，推动"供给侧"结构性改革；实施"互联网 +"行动计划"中国制造 2025""大众创业，万众创新"；提出了"一带一路"倡议，以及京津冀一体化、长江经济带发展战略等，中国可以通过自己的努力克服自己的困难。至于国际产业大转移，第二次世界大战以来已经历了三次，这是一种市场行为，中国的参与无可非议。

二是认为"一带一路"是中国为了与美国在世界上争霸。中国走的是和平发展之路，在历史上中国受尽了侵略之苦，我们反对世界霸权主义，在中国文化中没有野蛮的丛林法则。中国现在是全球第二大经济体，但看中国一定要用"加减乘除"法，比如人均国民生产总值，到 2015 年中国才 8280 美元，不到美国 55904 美元的 15%。我们提出"中国制造 2025"，但中国从一个制造大国到制造强国，要真正进入制造强国的第一梯队要到 2045 年。中国要争的不是霸权，而是改变全球不合理的经济治理结构，争的是发展中国家及落后国家的话语权。

三是"一带一路"是推行经济发展的"中国模式"。我们历来认为，世界由于历史、文化、民族和宗教的不同而五彩缤纷，不可能有经济和社会发展的统一模式。习近平主席 2013 年 3 月 23 日，在莫斯科国际关系学院演讲时指出："我们主张各国和各国人民共同享受尊严，鞋子合不合脚，穿着才知道，一个国家的发展道路，只有这个国家的人民才知道。中国的经济发展有成功的经验也有失败的教训。别的国家如何学，学谁？那是每个国家的主权，别人没有必要去指手画脚。"

二、"一带一路"为物流业带来的机遇

（一）推进全球经济总量增长和结构调整

全球金融危机后，世界经济发生了复杂而深刻的变化，危机转嫁、后发崛起、国际竞争愈演愈烈，国际经济的结构、分布、规则快速调整，全球资源、要素、财富重新分配，国际政治经济领域呈现出大开大合的竞争、合作与博弈的局面。主要表现如下。

全球经济增速下滑、复苏缓慢。危机发生前，2003—2007 年世界经济的平均增长率为 4.76%，金融危机后，2008 年世界经济增长率迅速降至 1.5%，2009 年甚至降至 -2.1%，出现大幅衰退。2010—2014 年，受各国经济刺激政策及周期性因素影响，全球经济有所复苏，但复苏进程较为缓慢，经济增长率低于危机发生前水平。

发达经济体与新兴经济体的发展差距进一步收窄，经济力量此消彼长。在危机爆发前的 2004—2008 年，发达国家对全球经济增长的贡献率就已经低于发展中国家（44%和 56%），在危机爆发后的 2008—2012 年，二者的差距扩大至 13% 和 87%。相应地，发达国家和发展中国家经济总量之比，已从 20 世纪 80 年代的约 4 ∶ 1 变为目前的约 2 ∶ 1，金砖五国、新钻 11 国等新兴国家开始成为世界经济发展的新引擎。成为引领

全球经济复苏的中流砥柱，世界经济格局开始向新兴国家和发展中国家倾斜。

区域一体化发展快于全球一体化。当前多边国际合作步伐缓慢，WTO 因持续经年的多哈回合贸易谈判至今仍陷入困境，区域经济合作成为各国减缓经济冲击、实现稳定增长的必然选择。到目前为止，WTO 已有 158 个成员参与到一个或多个区域经济一体化组织中。北美、欧盟区域一体化已较为成熟，拉美、非洲、东盟一体化进程也在推进，但欧亚大陆的大多数国家尚未纳入统一的一体化进程中。近年，美国积极倡导 TPP 和 TTIP 建设，意图建立一个更高标准的、排他性的新型区域一体化组织，继续主导未来的全球经济贸易。在这一趋势下，国与国的竞争日益演变成地区与地区间的竞争、各地区规则与规则间的竞争。

金融危机后世界经济出现的以上新情况、新特点集中反映了既有的全球经济治理结构已经不能反映当前的新要求、适应未来发展的新趋势，全球经济呼唤治理结构转型、治理规则重构和治理模式创新。"一带一路"倡议的提出将会深刻地改变全球经济格局，将会有力地促进全球经济增长和结构调整。"一带一路"一头连着活跃的东亚经济圈，一头是发达的欧洲经济圈，中间贯通资源丰富但经济发展相对滞后的广大腹地国家，沿线涵盖了中亚、西亚、中东、东南亚、南亚、北非、东非、中东欧等区域的 65 个国家和地区，总人口 44 亿，GDP 规模达到 21 万亿美元，分别占世界的 63% 和 29%，是世界跨度最长的经济走廊，也覆盖了世界经济最具活力和最具发展潜力的地区。一方面，"一带一路"顺应了区域经济一体化的发展潮流，打破了长期以来陆权和海权分立的格局，实现陆海连接双向平衡，以点带面、从线到片，逐步形成区域大合作，推动欧亚大陆与太平洋、印度洋和大西洋完全连接的陆海一体化，形成陆海统筹的经济循环，使欧亚大陆经济联系更加紧密，从而有力推动区域经济增长，并为全球经济增长提供新引擎。截至 20119 年，"一带一路"国家经济规模占全球经济总量的比重不断上升，在全球经济中的话语权越来越大，沿线经济的繁荣发展将为世界经济增添新动能。另一方面，"一带一路"顺应了经济多极化的发展潮流，其沿线普遍是发展中国家，形成了发展中国家集团的经济联合体，将会有力地提升发展中国家在世界经济中的地位，实现世界经济更平衡、更开放发展。

物流是经济发展的引致需求，"一带一路"所带来的全球经济 新发展必然会为全球物流业带来大量的新机遇。从总量上来看，"一带一路"通过纵贯欧亚大陆的贸易大通道和产业大通道，把碎片化的地区经济串联起来，通过沿线国家相互贸易与投资的增加、产业转移的加速和更加频繁的人员往来，将会显著增加沿线物流流量，进而形成物流、人流金流、信息流大通道。现代物流业的畅通和规模的扩大也能使各地区更好地融入"一带一路"，促进欧亚大陆要素市场、产业链、产业集群的进一步整合，参与全球分工并发挥自身优势，从而以点带线、以线带面，形成更加统一、紧密联系的经济空间，这又反过来进一步促进物流通道的畅通和规模的扩大，从而形成沿线区域一体化与物流一体化良性互动的循环格局。从结构上来看，"一带一路"将会改变发达国家主导的传统经济格局。发展中国家在世界经济中的参与度将会不断提高，全球物流格局也将向发展中国家倾斜，物流的结构，流向都将发生深刻变化，围绕发展中国家的物流需求将蓬勃增长。这其中孕育着大量的商机，是吸引全球物流业发展的重要洼地。

（二）成为全球重要的贸易带，形成了全球重要的物流带

长期以来，全球贸易主要表现出两大贸易带：一是大西洋贸易带，主要是美国和欧洲等发达国家间横跨大西洋的商品货物贸易；二是太平洋贸易带，主要是美国等发达国家与东亚出口导向型经济体横跨太平洋的商品货物贸易。"一带一路"倡议实施后，将形成除以上两大贸易带之外的第三大贸易带，即一条覆盖并贯穿欧亚大陆的商品、能源、原材料、服务的贸易轴心，既包括东亚出口导向型经济体与欧洲、南亚、俄罗斯的商品货物贸易，也包括东亚、南亚与中东、中亚、非洲、俄罗斯等的能源资源贸易，既包括欧亚大陆的陆路贸易，也包括经中国南海、马六甲、印度洋、波斯湾和地中海的海上贸易。

当前，"一带一路"贸易带在全球经贸格局中占据越来越重要的地位。据世界银行统计，1990—2013 年全球贸易年均增速为 7.8%，而"一带一路"65 个国家同期年均增速达到 13.1%，尤其是国际金融危机后的 2010—2013 年，"一带一路"沿线国家对外贸易年均增速达到 13.9%，比全球平均水平高出 4.6 个百分点，成为带动全球贸易复苏的重要引擎。随着"一带一路"沿线国家经济互动程度的加深，"一带一路"贸易规模将会快速增长，全球贸易重心正在向欧亚大陆发生转移，"一带一路"贸易带正在逐步取代太平洋和大西洋贸易带成为全球最繁忙的贸易带。

物流流向与贸易流向紧密相关，目前依托"一带一路"贸易带，正在逐步形成"一带一路"物流带。当前全球物流格局主要表现为欧美发达国家之间、发达国家与东亚国家之间的商品物流，广大欧亚内陆发展中国家由于物流基础设施不完善，商贸联系不紧密，物流量相对较低。随着"一带一路"建设推进，欧亚大陆边缘与内陆的贸易联系将会更加紧密，发达地区向发展中地区产业转移也更加频繁，这将会创造大量物流需求，并将改变主要依靠海运的传统物流方式，欧亚大陆的陆路运输在物流体系中的重要性也会日益提升。此外，目前"一带一路"物流主要表现为发展中地区向较发达地区的进口物流，发展中地区仅有一些原材料、初级产品出口，出口物流的货运量和价值量都相对较低，随着"一带一路"对发展中地区经济的拉动，发展中地区向发达地区的出口物流也将显著提高，从而形成进口和出口的双向物流体系，实现从贸易平衡向物流平衡的转变。

我国是"一带一路"沿线最大的贸易国，正在"一带一路"贸易带中发挥越来越重要的作用。2001 年以来，我国与"一带一路"沿线国家贸易增长迅速，尤其是2008 年金融危机后，我国与沿线国家贸易步入快速发展时期，对沿线国家的贸易总额从 2001 年的 840 亿美元增长到 2014 年的 11200 亿美元，我国与"一带一路"沿线国家贸易总额占我国对外贸易总额的比例从 2001 年的 16.5% 增长到 2014 年的 26.0%。其中，出口比例从 2001 年的 14.5% 增长到 2014 年的 27.2%，增长近一倍。尽管近年受经济危机影响，我国与"一带一路"国家双边贸易额增速有所下滑，但与"一带一路"沿线国家贸易占我国对外贸易比重一直稳定维持在四分之一左右。与此同时，"一带一路"沿线国家和地区的对外贸易也更加依赖于中国。"一带一路"沿线主要地区对我国的贸易依赖度要显著高于世界平均水平，我国成为"一带一路"沿线国家最大的或主要的贸易伙伴。贸易地位决定物流地位，我国也成为"一带一路"上主要的物流策源地，未来从我国至东南亚、南亚、欧洲的商品贸易物流量和至波斯湾的能源物流量将会继续保持增长。同时，随着我国西部地区经中亚至欧洲贸易往来更加密切，横跨欧亚大陆的陆上物流通道的重要性将会凸显，甚至可能分流一部分海上物流，从而形成"一带一路"陆海并重的两大物流通道。

（三）带动各国大量对外投资，刺激物流业的繁荣

目前"一带一路"国家多为发展中国家和新兴经济体，一方面需要大量外国投资，推动本国经济发展，另一方面，也产生一定对外投资需求。据世界银行统计，1990—2013 年，全球外国直接投资（FDI）年均增速为 9.7%，而"一带一路"65 个国家同期年均增速达到 16.5%，显著高于全球平均水平。随着"一带一路"建设的进一步推进，沿线国家吸收投资与对外投资将更加顺畅，更多投资洼地和潜在投资领域将进一步被挖掘，欧亚大陆将成为全球投资的重点和热点地区。

从"一带一路"沿线国家的基础条件、投资收益、投资风险等因素综合来看，基础设施和产业发展领域是吸纳资金能力最强、投资风险收益比最好的领域。"一带一路"交通基础设施较为薄弱，互联互通能力差，具有非常广阔的投资空间。一般来说，交通基础设施投资与效益比值一般在 1：10 ~ 1：5 之间，该领域的投资能够为各国经济发展与合作奠定良好的基础。同时，各国资源要素禀赋各有不同，结合比较优势的产业投资空间也较为广阔，能够为资本保值增值创造更多机会。可以预计，随着"一带一路"建设的推进，未来会有大量资本流入以上两个领域，形成大规模、稳定的资金流，改变现有资金流动格局。

资金流与物流往往是互动互生，不可分割的，一带一路"各国对外投资将会激发

大量潜在的物流需求。例如，对基础设施的投资建设会产生大量钢铁、水泥.能源等原材料的物流需求，对产业发展领域的投资将会刺激跨国、跨地区供应链物流的发展，原材料、中间品和产成品通过物流被整合进全球链式生产体系中。从地区来看，东南亚、中东、中亚及我国中西部地区是未来吸引全球投资的重要洼地，资金流将会引领物流、人流、信息流向这些地区汇聚，并将显著提升这些地区物流要素的供应能力和物流业的整体发展水平。

（四）助推第四次全球产业转移，促进沿线物流结构优化

当前，随着中国劳动力、土地等要素成本的上升，部分产业向外转移也是一种必然，"一带一路"倡议提出后，将为中国的产业转移提供巨大空间。产业转移的本质是投资与合作，也是市场趋利的微观活动，"一带一路"上有很多价值洼地和产业洼地，可以通过产业转移，获得产业资本增值。未来将很有可能出现中国及其他一些国家的劳动密集、资源密集、土地密集型产业向东南亚、南亚、中亚地区的大规模转移，形成以中国为"雁首"的"新雁阵模式"，带动沿线国家产业升级和工业化水平提升。

第四次产业转移的大方向是我国不再具有比较优势的产业沿"一带一路"转移，具体而言有四大路径：一是我国过剩产能向中亚、东南亚、南亚、中东、非洲等地区的发展中国家转移，这些过剩产能在一些国家可能是先进产能或急需产能，仍将具有较大的发展空间；二是我国劳动密集型产业向东南亚、南亚等劳动力资源丰富的国家或地区转移，重新获得比较优势；三是我国能源、资源密集型产业向中东、中亚地区转移，既包括投资获取权益资源，也包括依托当地丰富的能矿资源开展下游加工；四是我国东部一些制造加工业、服务业、能源资源产业沿"一带一路"国内段，长江经济带向广大中西部地区转移，实现我国经济发展的东西均衡。"一带一路"最终将使我国和沿线国家结成经济上紧密互联、互利共赢的共同体，形成覆盖全球60%以上人口、近30%经济产值的产业价值链。

国际产能合作将成为第四次产业转移的主要形式。国际产能合作，即产业与投资合作，就是在一国发展建设过程中，根据需要引入别国有竞争力的装备和生产线、先进技术、管理经验等，充分发挥各方比较优势，推动基础设施共建与产业结构升级相结合，提升工业化和现代化水平。"一带一路"建设形成了对国际产能合作的巨大需求。一方面我国总体上已进入工业化中后期，制造业普遍出现产能富余，钢铁、水泥、造船、平板玻璃等产能严重过剩，劳动密集型产业成本上升，盈利能力大幅下降，急需向国际市场输出，为产业转型升级腾出空间。另一方面，"一带一路"沿线国家特别是一些发展中国家拥有丰富的土地、资源、劳动力等生产要素，但缺少能够组织起这些要素的产业、项目，急需产能输入。中国和"一带一路"沿线国家具有较强的经

济互补性和产业关联性，可以分别成为具有产能合作共同意愿的供需双方，通过产能合作带动产业转移，催生"一带一路"的经济繁荣。

在第四次产业转移的大背景下，"一带一路"物流类别将由传统的大宗产品物流、产成品物流日益向中间品物流方向发展，将由粗放低效物流日益向精益物流、即时物流、柔性物流方向发展。近年受全球经济下行因素影响，以石油、铁矿石为代表的全球大宗产品需求不振，能源、资源等大宗产品价格大幅下跌，能矿物流规模显著缩减，波罗的海综合运费指数呈下降趋势，并不断创下历史新低。从短期来看，能矿物流总量仍将保持低位态势，从长期来看，随着"一带一路"建设推进，发达国家、新兴经济体的能源资源密集型产业都将向中东、中亚、俄罗斯、非洲等能源资源丰裕地区转移，资源大进大出的格局将显著缓解。同时，随着区域一体化深化，"一带一路"沿线国家产业联系将更加紧密，产业分工更加细化，从现在的产业间分工日益向产业内分工转变，产业链整合能力会显著提升，当前的最终产品物流规模会逐渐让位于中间品物流。为提升产业加工效率，物流的时效性和灵活性将会更加凸显，精益物流、即时物流、柔性物流等先进生产组织方式将会更加普及，实现"一带一路"地区物流产业的升级、更新和换代。

第三节　推进"一带一路"数字供应链系统建设

一、"一带一路"物流系统建设的方案设计

"一带一路"物流系统设计包括物流空间布局设计、物流方式设计、物流业态设计等几方面。空间布局上，要按照以线串点、以线带面、内外对接的思路，规划好陆上和海上互联互通的大通道、重要的节点城市、口岸以及重点区域。物流方式上，要针对货运量、货物特点、运输要求、地形地貌合理设计公路、铁路、海运、航空等各类运输方式，并实现各类运输方式的有效对接。物流业态上，要结合先进的生产方式、商业方式、信息技术，形成新型物流运行模式，提升"一带一路"物流发展层次。总的来说，"一带一路"物流系统设计就是用系统性，关联性思维，分别对空间布局、物流方式，物流业态进行再设计，从而实现对物流系统整体的优化。

（一）六大物流通道

从地理层面看，"一带一路"是连接亚太经济圈和欧洲经济圈的两大通道。其中，"一带"的起点是中国，中亚和俄罗斯是桥梁，欧洲是终点，非洲是延伸线，其重点方向

有三个：一是由中国经中亚，俄罗斯至欧洲的波罗的海方向；二是中国经中亚、西亚至波斯湾、地中海方向；三是中国至东南亚、南亚、印度洋方向。"一路"的起点是中国东海和南海，贯穿太平洋、印度洋沿岸国家和地区。其重点方向有两个：一是从我国沿海港口经南海到印度洋，延伸至欧洲；二是从我国沿海港口经南海到南太平洋。从途经路线和辐射范围看，"一带一路"是以我国为起点和中心，向北与俄罗斯的交通线连接，东边连接东亚日本和韩国，向西通过中亚连接西欧，向西南通过印度洋连接到北非，把东亚、东南亚、南亚、中亚、欧洲、非洲东部的广大地区联系在一起。结合"一带一路"的方向，以及沿线和辐射地区的物流流向、物流总量，"一带一路"物流通道主要有六条：亚欧大陆桥物流通道、中蒙俄物流通道、中巴物流通道、孟中印缅物流通道、中国-中南半岛物流通道、海上物流通道。这六条物流通道将"一带"与"一路"连接起来。如果说"一带"与"一路"是两翼，那么这六条物流通道则是连接两翼的龙骨，使得"一带一路"成为一个覆盖欧亚大陆，联通太平洋、印度洋与大西洋的大网络。

1. 亚欧大陆桥物流通道

亚欧大陆桥物流通道主要是依托亚欧大陆桥、新亚欧大陆桥两条铁路所形成的横跨欧亚大陆的物流大动脉，也是联通太平洋和大西洋的陆上物流大动脉。根据目前已形成的和未来可能形成的物流流向，亚欧大陆桥物流通道可以分为三个方向。

一是依托亚欧大陆桥或西伯利亚大陆桥的物流通道，起自俄罗斯东部的符拉迪沃斯托克（海参崴），横穿西伯利亚至莫斯科，再至欧洲，最后达到荷兰鹿特丹港，经过俄罗斯、哈萨克斯坦、白俄罗斯、波兰、德国、荷兰6个国家，全长13000km左右。由于亚欧大陆桥铁路运营时间较早，特别是较早地采用了多式联运方式，该物流通道也较早地发挥了联通欧亚大陆的作用，但其主要是联通俄罗斯东部和西部地区、俄罗斯西部和欧洲地区，以及少部分日本至欧洲的陆路运输，覆盖国家少、辐射范围窄，物流量相对较为有限。

二是依托新亚欧大陆桥的物流通道，起自我国的连云港，途径哈萨克斯坦、俄罗斯、白俄罗斯，波兰等国，直达欧洲，最终到达荷兰的鹿特丹，全长10900 km左右，辐射亚欧大陆30多个国家和地区，成为横跨亚欧两大洲、连接太平洋和大西洋，实现海—陆—海统一运输的第二条国际大通道。与亚欧大陆桥相比，新亚欧大陆桥地理位置和气候条件更加优越，港口无封冻期，吞吐能力大，陆上距离更短，经济成本更加明显，且辐射面更广，因此物流需求更大。随着新亚欧大陆桥建设的推进，目前该通道的起点已经远不止是连云港一个城市，我国东部各主要沿海城市都与亚欧大陆桥形成了联通，这些城市又与韩日、东南亚等国家或地区通过海上航线相连，形成了多条新亚欧大陆桥物流通道的延伸线。同时，我国中西部的乌鲁木齐、西安、武汉、重庆、南宁、郑州等城市也能经阿拉山口、霍尔果斯等口岸与新亚欧大陆桥物流通道相连接，把我国广大中西部地区纳入新亚欧大陆桥物流通道之中，进一步扩大了新亚欧大陆桥的辐射范围，推进沿线地区由物流至经济的全方位互联互通。

三是未来拟推进的由我国至中亚和波斯湾地区的第三条物流通道。中亚西亚地区能源资源十分丰富，中国、欧洲对该地区能源资源均有较大需求，该条物流通道建设十分必要。这一物流通道可能有两个方向，一个是从我国霍尔果斯、阿拉山口等口岸出境后至哈萨克斯坦，再由哈萨克斯坦南下至土库曼斯坦、伊朗，再向西至土耳其；另一个是由我国喀什通往吉尔吉斯斯坦，再进乌兹别克斯坦，即中吉乌铁路，再南下伊朗并至土耳其。这是一条不同于亚欧大陆桥和新亚欧大陆桥的能源物流大通道，是欧亚大陆地区经济发展的基础保障，有助于形成欧亚大陆中部地区能源资源供给、两端东亚和欧洲生产加工的物流大循环。

2. 中蒙俄物流通道

中蒙俄物流通道是起自我国的京津冀地区和东北地区，经蒙古通往俄罗斯，联通三国的物流大通道。该物流通道主要有两条路线，一条是从华北京津冀地区到呼和浩特，再到蒙古和俄罗斯，最终可到俄罗斯的波罗的海沿岸；另一条是从我国东北地区，经满洲里和赤塔通往俄罗斯。这两个通道互动互补，共同构筑成中蒙俄三国经贸往来的大动脉。中蒙俄三国经济互补性强，蒙古、俄罗斯矿产和能源资源较为丰富，而中国是全球最大的能源资源进口国之一，是蒙俄两国资源能源产品出口的重要市场，中国制造业较为发达，蒙俄两国对中国轻工产品具有较高的依赖度，产业结构互补决定了该物流通道将具有较大的双向物流需求量。

目前，中蒙俄物流通道建设正在积极推进。蒙古正在加紧规划建设连接俄罗斯、俄罗斯太平洋港口的铁路运输网，俄罗斯希望中国投资参与俄贝加尔-阿穆尔大铁路以及跨西伯利亚大铁路的现代化的改造，我国也在积极推进哈尔滨—满洲里—俄罗斯—欧洲这一新通道建设，以满洲里、绥芬河口岸对接俄罗斯和欧洲市场，积极推进中俄油气管线、中蒙煤炭运输通道建设，从而把我国的环渤海经济圈、东北经济圈与俄罗斯远东经济圈、蒙古能源矿产基地相对接，进而联通俄罗斯西部地区和我国内陆地区，并将通过过境物流的方式进一步联通日韩和欧洲地区，形成"一带一路"建设的新通道。

3. 中巴物流通道

中巴经济走廊是"一带一路"建设的旗舰项目，随着中巴基础设施互联互通建设的逐步推进，中巴物流通道逐步形成雏形并将发挥越来越大的作用。该通道起自我国喀什，通过红其拉甫口岸进入巴基斯坦，经巴基斯坦的伊斯兰堡、拉合尔，至印度洋的瓜达尔港，该通道向东可延伸至我国内陆地区和沿海地区，向西可进入伊朗、伊拉克和土耳其，向南可进入印度洋并与海上丝绸之路对接，成为我国向西开放巴基斯坦向东开放的大通道。

这一通道一方面有利于中国西北特别是新疆对外开放，无论向东还是向西，新疆离出海口都相距遥远，随着中巴物流通道建设的推进，新疆向南亚、中东和非洲的物流距离都将大为缩短，新疆自北向南贯穿巴基斯坦抵达印度洋的最短距离仅2395km，这意味着新疆过去经由西太平洋水域与南亚、中东和非洲的贸易往来将因此缩短上万公里。另一方面，该物流通道不仅是贸易物流通道，也是能源物流通道，来自中东的油气资源可由瓜达尔港登陆，进入我国新疆，该物流通道建设有利于形成我国后方新的能源运输通道，保障我国能源安全。同时，随着我国向巴基斯坦产业转移进程的推进和巴基斯坦工业化水平的提升，未来我国将成为巴基斯坦重要的出口大市场，该通道也将成为巴基斯坦重要的出口物流通道。当前，该通道建设的重点是物流基础设施建设，要推进喀喇昆仑公路、瓜达尔港、中巴铁路，巴基斯坦境内高速公路等项目建设，真正形成中巴交通大动脉，推进我国与中亚、南亚、中东地区的进一步联通。

4.孟中印缅物流通道

南亚地区人口多、面积广、发展潜力大，未来将成为世界经济的重要增长极之一。除中巴物流通道外，孟中印缅物流通道是中国与南亚和印度洋地区联通的另一条大动脉。孟中印缅物流通道起自我国昆明，向西经缅甸、印度东北部、孟加拉国至加尔各答，一边可通过云南辐射我国内陆广大地区和中南半岛地区，另一边可辐射印度腹地地区，联通南亚、东亚、东南亚三大经济板块。

目前，孟中印缅物流通道建设正在逐步由构想转向设计和实施建设阶段。从地理空间看，孟中印缅经济走廊可以有四条线路。北线从昆明经腾冲至缅北的密支那，经雷多口岸进入印度东北部，再向南至孟加拉国的达卡和印度的加尔各答；中线从昆明经瑞丽口岸至缅甸曼德勒，再向西经印度东北部的英帕尔至达卡和加尔各答；南线包括两条线路，一条由昆明经曼德勒至皎漂港，再沿海北上至吉大港、达卡和加尔各答，另一条由昆明至曼德勒后，向南到缅甸仰光。

虽然中国西南、印度东北部、缅甸、孟加拉国相对而言均不发达，但如果建成孟中印缅物流走廊，将会显著增强各国经贸联系，并将加快这一地区融入全球经济大循环的步伐，有利于各方优势互补，形成合理的国际分工，带动产业结构调整，加快中国西南与印、缅、孟等国的经济发展步伐。当前应积极推动昆明至缅甸铁路、公路和油气管道建设，形成至南亚国际运输通道，开发利用伊洛瓦底江等国际河流航运资源，发展多式联运，形成多条物流通路，尽快把孟中印缅物流通道建设由桌面讨论推向实施落地。

5. 中国—中南半岛物流通道

中国—中南半岛物流通道起自我国的广东、广西、云南等省、自治区，南下贯穿越南、老挝、柬埔寨、泰国和马来西亚等中南半岛五国，直抵新加坡。我国与中南半岛国家长期以来一直保持紧密的经贸合作，中南半岛是中国周边地区中与中国在"五通"合作方面走在前沿的地区，双方对彼此一直存在较大的物流需求。

现阶段，中国—中南半岛的物流形式以海运和部分边境公路运输为主。我国珠三角港口群、北部湾港口群以及长三角港口群可从海路直接与除老挝外的所有中南半岛国家对接，新加坡马六甲海峡更是我国与欧洲、中东、南亚、非洲的远洋贸易物流必经之地。公路上，我国广西和云南可直接通过边境口岸与越南、老挝对接，并进而向南辐射到泰国、柬埔寨等地。中国与中南半岛国家的铁路建设已取得重大进展，2015年8月，中泰两国达成意向修建中泰铁路，该铁路北起昆明南至泰国曼谷，未来将进一步延伸至马来西亚和新加坡，并与中老铁路、中越铁路等一起构成我国与中南半岛互联互通的铁路网。随着铁路建设的推进，未来铁路物流将在该通道中发挥更加重要的作用，形成以铁路物流为主，公路物流、海运物流为补充的中国至中南半岛的南北向物流大通道。

6. 海上物流通道

海运物流是我国对外物流的主要形式，我国对外贸易主要依靠海运。我国能源资源进口也主要依赖海运，中国原油进口的90%、铁矿石进口的97%、铜矿石进口的92%、煤炭进口的92%均通过海运实现。在"一带一路"物流体系的建设中，海上物流有着非常重要的地位。

我国海上物流主要有两大方向。一是从我国东南沿海出发，向南经我国南海，过马六甲海峡，向西经印度洋到波斯湾，这一条是我国的能源资源物流大通道，伊朗、伊拉克、沙特等国丰富的石油资源可以通过海运运抵我国。二是从我国东南沿海出发至印度洋后，向西经苏伊士运河至地中海地区和欧洲，这是我国与欧洲、南亚、东南亚，东非的商品货物贸易物流大通道。我国向东进入太平洋通道和向西的"一带一路"海上物流大通道，无论哪条线路，都要经过狭窄的马六甲海峡。未来随着"一带一路"陆上五大物流通道作用的增强，陆海物流互动格局将会逐渐形成，马六甲的压力将被分摊，对我国而言将会形成更加均衡的物流格局。

此外，在"一带一路"海上物流通道建设中，应该特别关注北极物流通道建设。北极物流通道由加拿大沿岸的"西北航道"和西伯利亚沿岸的"东北航道"两条航道构成，对"一带一路"有直接影响的是"东北航道"。东北航道西起西欧，穿过西伯利亚沿岸的北冰洋海域，绕过白令海峡到达中、日、韩等国港口，它的大部分航段位于俄罗斯北部沿海的北冰洋离岸海域。由于东亚地区经东北航道至欧洲的距离相比经马六甲海峡和印度洋要短，因此东北航道具有重要的经济价值。目前，北极航道作为连接亚欧交通新干线的雏形已经显现，其在国际通道开发建设中的独特作用不可小觑，我国在"一带一路"海上物流通道的建设中应该给予足够的重视。随着我国对外开放格局、区域经济发展格局的变化，相伴而生的国内物流发展格局也在发生变化。"一带一路"是统筹国际国内的两个市场，两种资源，因此"一带一路"物流体系建设也包括了与国内物流通道对接的内容。当前，我国国内物流通道主要从以下四个方向与"一带一路"物流体系进行对接。

向西。我国东中西部广大地区均可对接新亚欧大陆桥，发展与中亚、欧洲的贸易物流。目前，我国已开通多趟直通欧洲的集装箱班列，如2011年开通的渝新欧班列；2012年开通的武汉至捷克的汉新欧货运班列；2013年开通的郑新欧班列、西安 - 鹿特丹的长安号国际货运班列、广东 - 俄罗斯国际货物快运班列、成都至波兰的蓉欧快铁；2014年开通的义乌 - 西班牙马德里的义新欧铁路货运班列、合肥至欧洲的合新欧班列、长沙开往欧洲的湘欧快线、武威至欧洲的天马号中欧班列、苏州经满洲里开往波兰华沙的苏蒙欧班列；2015年开通的哈尔滨至汉堡的哈欧国际货运班列等。未来，我国各地区均可通过"X新欧"的形式向西出境，形成向西开放的新格局。

向东。我国东部地区可以通过海上物流通道与"一带一路"沿线各国和地区对接。我国的环渤海、长三角、海峡西岸、珠三角、北部湾五大港口群可以通过密集的海运线路与日韩、东南亚、南亚、中东与欧洲形成通畅的物流网络。同时，中西部地区可以通过铁路、公路和水运网络与东部地区联通，向东出海。长江流域各省可以依托长江经济带综合立体交通走廊，建设长江沿线流通大通道，发挥承东启西、通江达海的区位优势，使"一带一路"和长江经济带对接。京津冀地区也可通过沿海港口扩大对沿线国家的开放，形成世界级大城市群和大首都经济圈，使"一带一路"倡议和京津冀一体化战略对接。

向北。充分发挥满洲里、二连浩特等口岸的重要作用，打通我国东北、华北乃至整个腹地地区进入蒙古、俄罗斯的通道，使我国内陆地区与中蒙俄物流通道对接，为我国东北地区扩大开放、实现振兴创造空间，同时蒙俄两国的能源矿产资源也可南下，为我国经济发展注入动力。

向南。加速推进我国内陆地区通过广西、云南、广东、港澳等沿边沿海地区与孟中印缅物流走廊、中南半岛物流走廊对接，这一方向要打通四大通道：一是中线京港澳物流大通道，依托京港澳高速、京广高铁、京广铁路等综合交通运输通道，串联京津冀城市群、中原城市群、长江中游地区、珠三角地区，联系香港和澳门地区，形成贯穿南北、辐射全国的物流纵贯线；二是沪昆物流大通道，依托沪昆高铁、沪昆铁路，沪昆高速公路组成的综合运输体系，串联长三角地区、长株潭地区、黔中地区、滇中地区，形成我国东部沿海地区、中部内陆地区与东南亚、南亚联通的物流大通道；三是西线呼昆物流大通道，串联起西部的呼和浩特、西安、成都、重庆、昆明等城市，形成我国西部地区与孟中印缅物流通道对接的大走廊；四是珠江-西江物流大通道，依托珠江-西江黄金水道和南广铁路、贵广铁路、云桂铁路等组成的综合运输体系，进而辐射东盟和南亚，形成东西互动、江海联动的流通大通道。

（二）四类物流节点

物流节点一般指资源高度集中，辐射力强、区位优势明显的城市、港口、口岸、园区、中转基地等，"一带一路"物流节点能够以点串线、由线成带、由带到面，形成全线畅通、辐射周边，既有广度又有宽度的"一带一路"物流经济带。物流节点的选择要结合物流通道的设计，考虑物流流量、结构、方式，形成支撑有力、层次清晰、串联畅通的物流支点体系。

1.重要城市

"一带一路"物流节点城市的选择要考虑物流需求量、区位条件、物流承载和中转能力等多重因素，一般来说，具有较大的经济总量和人口规模，能够产生较大物流需求的城市，处于交通要道和具有广阔通达范围的城市，具有良好物流基础设施、能够承载大规模物流中转的城市，可成为"一带一路"物流节点城市。

在亚欧大陆桥物流通道上，可以重点发挥阿斯塔纳、莫斯科、明斯克、华沙、柏林、鹿特丹等新亚欧大陆桥重要节点城市的作用，推进符拉迪沃斯托克（海参崴）、伊尔库茨克、新西伯利亚、喀山等亚欧大陆桥节点城市的物流能力建设，打通阿拉木图、比什凯克、塔什干、撒马尔罕、阿什哈巴德、德黑兰、安卡拉伊斯坦布尔等城市的物流通道。在我国国内，重点推进重庆、成都、武汉、西安、郑州、兰州、长沙、徐州、济南等城市通过"X新欧"加强与"一带一路"国家陆路联通能力建设，形成我国内陆地区对外开放新高地。

在中蒙俄物流通道上，要从我国华北和东北两个方向推进与蒙俄的互联互通建设。从我国华北至蒙俄方向，要打通天津、北京、张家口、乌兰察布、乌兰巴托、新西伯利亚、鄂木斯克、喀山、莫斯科的物流大通道，从我国东北至蒙俄方向，要打通大连、沈阳、长春、哈尔滨、满洲里、乌兰巴托直至莫斯科的物流大通道。一方面形成我国华北、东北地区对蒙俄的贸易通道，另一方面也能使蒙俄的能源矿产对我国华北、东北经济发展发挥支撑作用，我国天津，大连也可成为蒙俄的重要出海口，形成双向物流走廊。

在中巴物流通道上，要打通喀什、伊斯兰堡、拉合尔、海德拉巴、卡拉奇及瓜达尔的物流通道，加强物流基础设施建设，提升各节点城市物流发展水平。喀什要发挥承东启西的重要作用，要加强我国喀什与西部其他城市互联互通建设，将喀什打造成为我国西部地区重要的产业集聚区、物流集散地和中转地以及对外开放的桥头堡。

在孟中印缅物流通道上，要强化昆明物流中心城市的重要地位，打通昆明至缅甸曼德勒、密支那、仰光、皎漂物流通道。与缅甸、孟加拉国、印度一起推动缅孟印三国互联互通建设，打通缅甸至吉大、达卡、加尔各答的物流通道，从而形成孟中印缅四国通畅完善的物流体系。在中国 - 中南半岛物流通道上，要着重发挥南宁、昆明在该通道中的核心作用，陆上打通至河内、万象、曼谷、金边、胡志明市、吉隆坡、新加坡的公路、铁路，形成畅通的物流通路，为我国西南地区与中南半岛国家的经济互动提供支撑。海上继续强化北部湾的北海、钦州、防城港、海口、三亚等港口及珠三角港口群与海防、岘港、西哈努克、新加坡等重要港口城市的航运往来。

在海上物流通道上，要加强"一带一路"沿线重要城市物流能力建设，提升我国环渤海、长三角、海峡西岸、珠三角、北部湾五大港口群与新加坡、吉大、科伦坡、瓜达尔、伊斯坦布尔、雅典、马赛、鹿特丹、阿姆斯特丹等港口城市的物流联通水平，并将各城市打造成具有综合物流组织能力的枢纽和物流要素集聚中心。

2. 重要港口

港口是重要的物流节点．是内陆地区承接国际资本、沿海产业向内地转移以及通向国际市场的直通大门，是建设"一带一路"的先行领域和重要基础，因此，布局"一带一路"国际枢纽港及国内港口群建设意义重大。

我国是"一带一路"的重要起始点，我国港口必须全面对接"一带一路"倡议。目前，我国已初步形成环渤海、长江三角洲、海峡西岸、珠江三角洲和北部湾五个规模化、集约化、现代化的港口群。其中，环渤海区域港口群由辽宁、京津冀和山东沿海港口群组成，形成了以大连港、营口港、秦皇岛港、天津港、烟台港、青岛港、日照港为主要港口，以丹东港、锦州港、曹妃甸、黄骅港、威海港等港口为补充的分层次港口格局。长三角港口群形成了以上海港为身，宁波 - 舟山港等浙江港口群和连云港等江苏沿海港口群为两翼的"一体两翼"格局。海峡西岸形成了以厦门港为中心港，泉州港、福州港、莆田港、宁德港、漳州港等为支线港的港口群体系。珠三角形成了以广州港、深圳港、香港港为中心港，汕头港、珠海港、惠州港、虎门港、潮州港等为支线港的港口群体系。北部湾地区形成了包括钦州港、防城港、北海港以及海口港和三亚港等在内的港口群体系。这五大港口群一方面联通我国内陆地区，成为内陆地区对外贸易的窗口，另一方面联通世界，成为全球商品进入中国的集散地。正是由于这五大港口群联通内外的重要作用，其应该成为我国参与"一带一路"建设的重要物流节点和支点。

从全球来看，"一带一路"应该选择那些海铁联运、条件好、物流功能强、腹地广阔的港口作为重要物流节点。从海上丝绸之路东端的我国东南沿海到西端的欧洲沿海，符合上述条件的新加坡港、韩国釜山港．马来西亚巴生港和关丹港、柬埔寨西哈努克港、印尼雅加达港和比通港、缅甸皎漂港、孟加拉国吉大港、巴基斯坦瓜达尔港、斯里兰卡科伦坡港和汉班托塔港、也门亚丁港、沙特阿拉伯达曼港和吉达港、阿曼法赫尔港、埃及塞得港和亚历山大港、希腊比雷埃夫斯港、法国马赛港、德国的汉堡港和不莱梅港、比利时安特卫普港、荷兰鹿特丹港等都可以成为"一带一路"的重要节点。

3. 重要边境口岸

从地理方位上看，中国沿边省市大部分地区，正处在欧亚增长及交汇区域的核心地带，与"一带一路"相交相汇，边境口岸与周边国家对接相连，成为"一带一路"上的重要节点。我国与周边国家的陆路边境线长达 22800 km，与 15 个国家的领土接壤，开放口岸有 285 个，其中空运口岸 63 个、水运口岸 139 个、公路口岸 64 个、铁路口岸 19 个。在这些口岸中，边境水运口岸有辽宁省丹东港、吉林省大安港、黑龙江省黑河港、内蒙古孙吴港、云南省思茅港等五个水运国际口岸。空运口岸有呼和浩特、海拉尔、满洲里。铁路口岸有辽宁丹东、吉林集安、黑龙江绥芬河、内蒙古满洲里、新疆阿拉山口、云南河口、广西凭祥等七个国际铁路口岸，还有 60 多个跨境国际公路口岸。此外，在"一带一路"上的其他各相邻国家，均存在一些重要口岸，这些口岸共同支撑形成"一带一路"的全开放物流格局。

4. 重点经贸合作区

建设开发区、工业园区、经贸合作区是我国通过实践获得的一条重要成功经验，从深圳蛇口工业园区、苏州工业园区到目前遍及全国各地的各类园区，为我国经济发展提供了重要动力。当前我国正在把这条经验向全球复制，通过建设境外经贸合作区的形式推动我国企业"走出去"。

建设境外经贸合作区符合我国和"一带一路"沿线国家两方面诉求。从我国来看，合作区建设为企业"走出去"搭建了平台，帮助企业实现"抱团出海"，增强企业风险应对能力。目前，我国境外园区共吸引入园企业 2724 家，其中中资企业 2078 家。在"一路一带"上，我国境外园区共吸引入园企业 2415 家，占全部境外园区入园企业的 89%。从"一带一路"其他国家来看，这些国家大多处在工业化进程初期和中期，市场潜力巨大，吸引外资意愿强烈。我国境外经贸合作区对于提升其经济发展水平、拉动就业可以发挥重要作用。因此，尽管当前境外合作区总体规模并不大，但未来其数量将会继续快速增长、类型更加多样．分布更加广泛，并将成为"一带一路"的重要建设力量。

境外经贸合作区作为集货物贸易、加工制造、资源合作开发以及物流集散运输服务等多功能于一体的经济实体，在带动我国产业"走出去"的同时，也带动了物流"走出去"，成为我国辐射沿线国家的重要物流支点。同时，我国国内正在积极推进的自由贸易区、国家新区、综合保税区等各类园区，我国对外物流也有了新的载体，境外园区与境内园区间的互动、境内经济体与境外经济体的互动带来了内外物流间的互动，各种类型的园区也就成为支撑"一带一路"物流体系建设的重要支点。

（三）三种新型物流业态

"一带一路"是一项能够改变世界经济格局的重大倡议，将会对世界经济运行方式、全球要素资源配置产生重要影响，这一方面为现代物流业的发展提供了大量机遇，另一方面一些传统的物流运行模式已经不能满足新的经济发展方式的需求，迫切需要物流业态的创新，为"一带一路"经济合作提供更强的支撑力。以下三种物流新业态须予以密切关注。

1. 高铁物流

在物流的发展过程中，铁路无疑发挥着巨大作用，随着高铁技术的发展，高铁物流这一新型物流业态开始出现，传统铁路物流正在朝更加快捷高效的方向转变。目前，很多国家都看准了这一发展方向。积极开展合作，一些大规模的高铁建设计划正在酝酿或已出台。从全球来看，目前主要有以下六大高铁计划：

一是泛亚高铁。泛亚铁路从昆明出发,连接泰国、缅甸、孟加拉国、印度、巴基斯坦、伊朗、土耳其，另一条线路将从昆明经泰国至马来西亚和新加坡，成为中国联通中南半岛、南亚和西亚的"黄金走廊"。在泛亚铁路基础上，泛亚高铁也获得突破性进展，印尼高铁已开展竞标，中泰快速铁路已经开建，廊开府线路也已获泰国政府批准动工，将成为"一带一路"昆明—新加坡线路的核心组成主干。

二是中亚高铁。中亚铁路起点是乌鲁木齐，取道吉尔吉斯斯坦、乌兹别克斯坦、伊朗、土耳其等中亚国家，经过伊朗，再到土耳其，最后抵达德国，将把"陆上丝绸之路"中的 17 个国家连接起来。

三是欧亚高铁。欧亚铁路从伦敦出发，经巴黎、柏林、华沙、基辅，过莫斯科后分成两支，一支入哈萨克斯坦，另一支遥指远东的哈巴罗夫斯克，之后进入中国境内的满洲里。

四是西伯利亚高铁。西伯利亚铁路是横跨俄罗斯的贝加尔—阿穆尔大铁路的现代化铁路。

五是两洋高铁。这是由我国、巴西、秘鲁三国联合开展的高铁建设项目，两洋铁路跨越巴西秘鲁，穿越亚马逊雨林，连接大西洋和太平洋，全长达 5300 km。

六是环球高铁。该路线包括以中国北京为起点，经乌鲁木齐、中亚国家，西经莫斯科连接柏林、伦敦的欧亚高铁北线；经乌鲁木齐、中亚转伊朗、土耳其，巴尔干半岛西通柏林、伦敦的欧亚高铁南线；由北京往南经昆明、万象、曼谷直达新加坡的东南亚线；由北京往东北方向，经哈尔滨、俄符拉迪沃斯托克，穿过白令海峡，再经阿拉斯加转加拿大、美国本土，跨越中美地峡直抵布宜诺斯艾利斯的美洲线；从欧亚高铁南线的某个中间点，如从安卡拉引出一条支线，沿地中海东岸的黎凡特地区往南，跨越苏伊士运河，再经埃及、苏丹等国，纵贯非洲大陆，直抵南非开普敦的非洲线等五条线。

以上高铁计划尽管有的刚刚开工建设，有的还在设计阶段，但已经清楚表明了高铁这一新型运输方式的发展趋势。未来我国应一方面积极参与全球高铁建设，大力推进相关技术研发，另一方面前瞻性发展具有高附加值、快速响应特点的高铁物流，为抢占全球货运业高端领域打好基础。

2. 国际多式联运

多式联运是指统筹利用海运、铁路、公路、内河水运等多种运输方式，以最低成本、最快捷的组合方式完成运输过程的物流形式。自 20 世纪 60 年代美国开始试办多式联运业务以来，逐渐在北美、欧洲、俄罗斯等地区推广。由于其便捷高效、中转成本低，得到市场的高度认可。长期以来，我国也一直在推行多式联运，取得显著效果。"一带一路"倡议推出后，沿线物流体系日益完善，物流基础设施建设逐步加快，多式联运又有了不一样的内涵，已经从过去主要是国内的多式联运逐渐演变成强调国际多式联运，已经从过去以海运为核心的多式联运逐渐演变为海运和铁路并重的多式联运。在这一发展方向下，一方面要巩固传统多式联运业务，同时又要创新业态、弥补短板、发展新型国际多式联运，为地区间经济的无缝对接创造更加便捷的流通方式。

发展国际多式联运业务，一是要构建完善的基础设施体系，不断推进"一带一路"地区公路、铁路、水运互联互通建设，促进铁路建设标准的统一；二是优化运输组织，完善综合运输标准体系，推进集装箱多式联运、甩挂运输、陆海联运等先进运输组织方式，促进各种运输方式高效衔接，提高主要流通节点城市之间干线运输效率和组织化水平；三是积极创新国际多式联运形式，如目前已开通的渝新欧、蓉欧、郑新欧、汉新欧、义新欧等我国开往欧洲的货运专列可以发展集装箱多式联运，促进"最先一公里"和"最后一公里"与专列物流的对接，提高物流链整体运行效率。

3. 跨境电子商务物流

随着信息技术的发展和全球物流运行效率的提高，在境内电子商务飞速发展的基础上，跨境电子商务（简称跨境电商）逐步出现并蓬勃发展。据有关数据显示，目前全球跨境电子商务规模已经超过了 1 万亿美元。据埃森哲发布的报告显示，到 2020 年仅 B2C 形式的全球跨境电子商务交易额就将达到 9940 亿美元。跨境电商发展前景十分广阔。我国电子商务产业发展十分迅速，2014 年我国全社会电子商务交易额已经超过 16 万亿元。其中，跨境电子商务也形成了一定规模，且发展十分迅速。据商务部报告数据，2012 年全国跨境电商交易额为 2 万亿元，2013 年突破 3.1 万亿元，2014 年达到 3.75 万亿元，2016 年达到 6.5 万亿元，年均增速超过 30%。

跨境电商的蓬勃发展带来了强劲的物流需求。目前，我国跨境电商的主要增长点在俄罗斯、东南亚、西亚等新兴地区，与"一带一路"辐射的地区相一致，但由于这些地区与我国的互联互通尚不十分完善，跨境电商物流时间长、成本高、手续多，这与跨境电商追求便利快捷的要求不一致，成为制约其进一步发展的突出瓶颈，这需要各国从国家层面上在基础设施建设、物流通关等方面协同合作。此外，跨境电商物流还面临着经营模式创新的问题，目前跨境电商物流主要有国际快递、海外仓储和聚集后规模化运输等几种形式，国际快递的物流成本高，海外仓储虽然反应时间短，但企业运行成本高。聚集后规模化运输虽然物流成本低，但时间又较长，目前尚没有兼顾时间与成本的运营模式，需要在这一方面加强创新。

二、推进"一带一路"物流系统建设的政策建议

（一）大力推动国际产能合作，夯实产业基础

物流是经济发展的引致需求，没有跨区域的产业分工，就没有贸易和物流需求，推进"一带一路"物流体系建设必须要与沿线产业转移、地区产业结构调整结合起来。当前，全球经济的竞争已经不仅仅是企业层面的竞争，更是产业链与产业链、供应链与供应链层面的竞争，为增强"一带一路"沿线地区的整体竞争力，我国要与沿线国家一道开展国际产能合作，优化产业链、价值链和供应链，推动产业链上下游和关联产业跨国界、跨区域协同发展，形成互补互动的区域产业布局，全面系统地提高沿线国家和地区特别是发展中国家在全球价值链中的位置。

从世界产业发展趋势来看，我国将成为新一轮全球产业转移的重要转出方，一是构建"一带一路"现代产业体系的主要参与者和驱动力。当前，我国一是要充分挖掘制造业优势，与"一带一路"沿线国家的劳动、资源等优势要素相结合，提升自身研发能力，提高高端制造业与现代服务业发展水平，形成产业互补性。二是要将富余产能与"一带一路"基础设施建设的庞大需求对接，"一带一路"沿线发展中经济体是经济增长的潜力区，普遍处于经济发展的上升期，基础设施投资需求庞大，我国富余产能可以满足其建设能力不足的缺口。三是要推进高铁、电力等成熟的优势产业加快走出去，形成一批"一带一路"产能合作的龙头项目。四是与中东、中亚、蒙俄等地区开展能源矿产合作，寻求互利双赢的契合点。五是与欧洲发达国家开始技术研发合作，共同实现向产业链、价值链高端的攀升。六是合作建设境外经贸合作区、跨境经济合作区等各类产业园区，促进产业集群发展。通过我国的积极推动和与沿线国家的共同努力下，未来将形成合作更加紧密、分工更加细化、结构高度互补的现代产业体系，

从需求侧创造更多的有效物流需求。

（二）建设自由开放的自贸区体系，为物流产业搭建平台

经济自由化、区域一体化是当前世界经济发展的主要特点，加快构建更加开放自由的经济体制是我国统筹国际国内两种资源、跨越中等收入陷阱和推进"一带一路"倡议的重要要求，也是构建"一带一路"现代物流体系的必备条件。实施自由贸易区倡议是中国新一轮对外开放的重要内容，目前我国正在积极推进或可考虑推进各种类型的自由贸易区，以期形成内外兼修、多层次并进的自由贸易区格局。

一是推进与"一带一路"沿线国家的自由贸易协定谈判，成立双边自由贸易区，目前我国已经签署并实施的自由贸易协定有 12 个，但欧亚大陆腹地国家基本上还是空白，未来可以作为我国全方位拓展对外开放新格局的重点方向。其中，中国—东盟自贸区升级版、南亚区域合作联盟自贸合作、海湾合作委员会自贸谈判，中欧投资协定谈判可以作为下一步自贸谈判的重点方向。

二是稳步推进上海、广东、天津、福建等自由贸易区试点，及时总结经验教训，并进一步扩大试点范围，从沿海到内地逐渐推进自由贸易区建设。

三是可以研究在部分地区设立定向自由贸易区，重点提升对部分国家的经济辐射力，如新疆提出建设中国—中亚自由贸易区，宁夏提出建设中国—海合会自由贸易区，连云港提出建设中哈连云港自由贸易区和连云港自由贸易港区，云南也有条件建成中国—中南半岛自由贸易区。未来可在多种类型自由贸易区建设的同时，进一步推进更大范围的多边自由贸易区建设，如加速区域全面经济伙伴关系（RCEP）建设，推进中日韩自贸区谈判进程，重启中国—海合会自贸区谈判，积极推进与巴基斯坦自贸区第二阶段谈判，积极推动与俄白哈关税同盟、欧盟，印度以及其他沿线国家和次区域发展自由贸易关系，推动亚太自贸区（FTAAP）进程等，由点到面、先试后扩、易先难后地形成立足周边、覆盖沿线国家面向全球的高标准自由贸易区网络。

（三）积极参与国际物流大通道建设，完善国际综合交通体系

目前，"一带一路"物流体系建设呈现出物流基础设施不完善，各类物流方式难以有效对接的问题，成为限制其进一步发展的重要短板。要充分发挥我国在工程建设、工程承包、工程技术领域的突出优势，积极投身参与"一带一路"物流基础设施建设，抓住关键通道、节点和重点工程，解决好"卡脖子"问题。要优先打通缺失路段，畅通瓶颈路段，提升道路通达水平，大力推进铁路特别是高铁建设，提升各地区、城市、物流节点的联通能力，积极参与沿线重点港口、机场建设，形成新的物流枢纽，构建连通内外、安全畅通的综合交通运输网络。同时，积极发展多式联运与配套物流服务，在国内要重点打破地区分割与运输方式间的壁垒，规范多式联运市场，加快发展江海

联运、海铁联运、江铁联运；在国外，要加快国内城市群、港口群、机场群及各类物流枢纽与"一带一路"重要物流节点的对接，完善各类通道、航线网络，实现物流业跨地区、跨方式的无缝衔接。

（四）创新现代金融供给方式，为物流基础设施建设提供资金支持

"一带一路"国家普遍处于经济快速增长阶段，对于资金有强烈的需求。但由于这些国家经济发展基础薄弱，资金需求量十分巨大。据亚洲开发银行估算，2010—2020年，仅亚洲基础设施领域，要达到世界平均水平就需投资8万多亿美元，平均每年约7500亿美元，此外还有难以估量的巨额产业投资需求。环顾全球，除我国外，能够满足这一巨大资金缺口的投资来源国十分有限。2015年我国人均收入已经超过7000美元，步入邓宁周期理论的第四阶段，将会大规模开展对外直接投资。可以预计，随着"一带一路"倡议的推进，这一比例还将大幅提高。目前，我国已经积累了5万多亿美元的对外金融资产，包括近4万亿美元的外汇储备，需要找到能够吸收这些资金的投资空间，这与"一带一路"范围内发展中国家和地区强烈的资金和技术需求形成了无缝对接。

因此，我国必须利用现代金融市场，发挥杠杆作用，撬动全社会各类资金积极参与。财政资金要发挥引领作用，可通过政府购买、财政贴息、公私合营等多种方式，充分发挥引领、规划、推动作用，撬动更多资金参与"一带一路"物流体系的建设中。银行资金发挥中坚作用，利用银行借贷、债市融资、股权融资、基金、信托等直接或间接融资，以及以此为基础的各种金融衍生品，打开国际资金来源的广阔渠道，特别是要丰富政策性金融手段，鼓励政策性金融机构在风险可控和符合规定的前提下创新服务方式，多渠道开辟和增加长期低成本资金来源。地区合作资金要发挥凝聚作用，亚投行、金砖银行、中国—欧亚经济合作基金、中国—东盟银行联合体、上合组织银行等都是推动"一带一路"物流建设的关键力量。私人资金要发挥补充作用，私人资金的参与可弥补财政资金的稀缺，消除经济发展瓶颈，鼓励私营企业以公私合营等方式，开展境外铁路、公路、港口、仓储等物流基础设施建设，鼓励私营企业通过兼并重组等形式进军"一带一路"各国物流业，引导境内外商业性股权投资基金和沿线国家社会资金，共同参与"一带一路"重点物流项目建设。

（五）建立沿线国家大通关机制，推进跨境物流便利化

时间和效率是物流的生命，通关效率低严重制约了"一带一路"物流的通畅和效率提升，必须与沿线国家积极合作，提高各国通关工作对接和管理水平提升，消除投资和贸易壁垒，构建区域内和各国良好的营商环境，激发释放合作潜力。要加强与沿线国家在信息互换、监管互认、执法互助的海关合作，以及检验检疫、认证认可、标

准计量、统计信息等方面的双多边合作,构筑与沿线国家海关的合作网络,促进信息流、资金流、货物流的安全畅通流动,实现沿线国家"多地通关,如同一关",实现无纸化通关,形成"一带一路"沿线一体化的大通关制度。推进建立统一的全程运输协调机制,推动口岸操作、国际通关、换装、多式联运的有机衔接,形成统一的运输规则,达到"一次通关、一次查验、一次放行"的便捷通关目标,降低国际运输成本和提高贸易物流便利化水平。推动与沿线国家海关监管和检验检疫标准互认,实现检验检疫证书国际联网核查。推进海关监管制度创新,支持跨境电子商务、边境贸易、市场采购贸易等新型贸易形式发展,各国共同加强对这类新型贸易形式的通关管理,提高流通速度,降低流通成本。

(六)提升物流业发展层次,为深度参与物流系统建设提供保证

近年来,我国物流业取得长足发展,已形成较大的物流规模,但总体仍没有摆脱多、小、散、乱的格局,物流服务能力相比发达国家还有较大差距,特别是高端物流服务.新型物流业态等领域还十分薄弱,尚不能完全支撑我国参与"一带一路"物流 系统建设,我国物流业发展水平亟待提升。深度参与"一带一路"物流系统建设,除积极参与沿线物流基础设施建设、与沿线各国对接物流标准外,更重要的是要创新我国物流服务形式、创新物流业态,提升我国物流企业竞争力。一是要继续加快发展第三方物流,提升物流企业专业化水平,培育成规模,有竞争力的第三方物流企业,并鼓励其积极"走出去"。二是要提高物流信息化水平,加速互联网与物流业.制造业融合,加强需求端、零售端、制造端与物流端紧密连接与协同。三是要适应外贸订单从大订单集中订货向小订单多频次订货转变,适应小规模、碎片化的跨境流通方式,提供更加精益柔性的物流服务。四是要重点发展跨境电子商务物流,鼓励国内物流企业建设"海外仓",通过海外零售市场带动国内物流"走出去"。五是借助自贸区平台发展国际物流业务,鼓励远洋物流企业进一步合并重组,提高市场集中度,形成一批国际竞争力强国际市场份额大的大型物流集团。

三、"一带一路"与全球供应链

(一)发力全球价值链、全球供应链、全球产业链

2014 年 11 月 11 日,在北京召开了亚太经合组织第 22 次领导人非正式会议,通过了《北京纲领:构建融合、创新、互联的亚太—经合组织第 22 次领导人非正式会议宣言《共同面向未来的亚太伙伴关系—亚太经合组织成立 25 周年声明》。大家围绕后国际金融危机时期,如何谋求新的增长动力,促进经济创新发展、改革与增长;如何破解区域经济合作碎片化的风险,推动区域经济一体化;如何解决互联互通建设

所碰到的一系列瓶颈约束,共同打造合作平台,进行了广泛的讨论,形成了高度的一致,决心共绘亚太美好新蓝图。这给亚太各国也给世界以极大的鼓舞。今天的亚太,占世界人口的 40%,经济总量的 57%,贸易总量 48%,是全球经济发展最快、潜力最大、合作最为活跃的地区,是世界经济复苏和发展的重要引擎。

而"一带一路"沿线涵盖了中亚、西亚、南亚、中东、中南亚、北非、东非、中东欧等区域的 65 个国家和地区,总人口 44 亿,GDP 规模达到 21 万亿美元,分别占世界的 63% 和 29%,是世界跨度最长的经济走廊。涵盖了世界上经济最具活力和最具潜力的地区。

习近平主席在这次亚太经合组织会议上明确提出,要打造全球价值链、全球供应链和全球产业链。2014 年 12 月 5 日,习近平在政治局第 29 次集体学习会议上指出,中国要"勇于并善于在全球范围内配置资源",这不仅是中国,其实所有的国家都应如此。过去讲到价值链、供应链和产业链主要是以企业为核心,但在 APIC 会议上,明确了全球价值链、全球供应链和全球产业链的概念,通过了《亚太经合组织推动全球价值链发展合作战略蓝图》,指出"全球价值链已成为世界经济的显著特征""顺畅的价值链连接已成为区域不同阶段经济体的关注重点",重申"到 2015 年实现亚太地区供应链绩效提高 10% 的承诺,削减交易时间、成本和不确定性,因此我们将继续开展系统能力建设来打通供应链通道的阻塞点,同时开展其他具体活动,包括建立亚太经合组织供应链联盟,促进绿色供应链合作"。

1. 全球价值链

价值链这一概念,1985 年由哈佛大学商学院迈克尔波特(Porter)提出,他指出"每一个企业都是在设计、生产、销售、发送和辅助其产品的过程中进行种种活动的结合体,所有这些活动可以用一个价值链表明"。他把企业价值创造的活动分为基本活动和辅助活动,基本活动包括进项物流、生产运作、出项物流、市场与销售、服务等;辅助活动包括企业基础设施、人力资源管理、技术开发、采购等。企业内部各业务单元的联系构成了企业的价值链,上下游关联企业之间的联系构成了行业价值链,所以价值链是从价值创造、利润切入的。

如果说迈克尔·波特主要是从企业为基点的价值链为重点,那么冠伽特等经济学家把这一理论扩展为区域与全球价值链,他们认为整个价值链的各个环节,在不同国家和地区之间如何在空间上进行配置,取决于不同国家和地区之间的比较优势。而某一国家或地区的企业的竞争力,决定了企业应该在价值链条的哪个细分环节和技术层面上倾其所有,以确保竞争的优势。也就是说,为了实现价值创造,投资商、生产商、经销商都可以在全球空间配置与再配置,直到最优化为止,从而形成了全球采购、全球生产、全球消费的格局。不同国家与地区,不同企业在价值链中处于不同地位,其价值的创造的贡献也不同，发达国家所做的是抢占全球价值链的控制权。

在全球价值链的运作中，必然要解决全球价值链的动力机制，解决全球价值链的治理模式，全球价值链的产业升级。如何合理打造全球价值链已成为全球关注的重点。主要是因为目前全球价值链体系中，有许多不公平，不完善的地方，发展中国家在产业分工中主要是提供生产基地，一些落后的国家主要是提供原料供应地，研发、资本、市场主要控制在发达国家手中，财富源源不断地流向发达国家。全球经济治理结构本质上主要指的是全球价值链的治理，全球产业链、全球供应链从某种意义上讲都服务于全球价值链，最终目的都是财富的创造与财富的控制。

2. 全球供应链

供应链也称供需链，是 20 世纪 80 年代许多专家对企业管理研究的最新产物，企业家开始从"竞争优势""流程再造"，对供应链管理津津乐道。英国经济学家克里斯多夫提出："今后世界不存在一个企业与另一个企业的竞争，存在的是一个供应链与另一个供应链的竞争"。所谓供应链，就是在生产和流通过程中，为了将产品和服务交付给最终用户，由上游和下游企业构建的网链结构，这个网链结构是利用信息技术，将商流、物流、信息流、资金流等进行计划，组织、协调和控制的一个完整系统。由于经济的全球化，供应链所涉及的上下游就没有区域的界限。所以，供应链是从市场的资源配置，从流程切入的。

知名经济学家吴敬琏指出，所谓供应链管理，就是把生产过程从原材料和零部件采购、运输加工、分销直到最终把产品送到客户手中，作为一个环环相扣的完整链条，通过用现代信息技术武装起来的计划、控制、协调等经营活动，实现整个供应链的系统优化和它各个环节之间的高效率的信息交换，达到成本最低、服务最好的目标。一体化供应链物流管理的精髓是实现信息化，通过信息化实现物流快捷高效的配送和整个生产过程的整合，大大降低交易成本。

供应链管理分为三个层次去理解：第一，供应链管理是战略思维；第二，供应链管理是模式创新；第三，供应链管理是技术进步。

2005 年，美国物流管理协会更名为美国供应链管理专业协会，标志着全世界的物流已进入到供应链管理时代。美国每年发布总统的"全球供应链安全国家战略"，世界银行每两年发布"全球供应链绩效指数（LPI）"报告（2014 年中国在全球排名 28位），亚太经合组织提出成立"亚太供应链联盟"，推进贸易便利化，不少国家都把供应链战略列为国家安全战略。美国经济学家弗里德曼在《世界是平的》一书中，把全球供应链列为把世界夷为平地的十大力量之一。研究历史上世界三次经济危机与三次产业革命，美国凭借研发基础、金融服务、新技术产业化、合理税收与移民政策等方面的优势，加上超强的全球供应链整合能力，使其始终走在世界的前列。美国始终把整合全球资源作为国家核心竞争力。

许多国家也把供应链战略作为产业发展战略的重点，即以全球地域为空间布局，打造某些优势产业的"微笑曲线"，建立从战略资源、金融资本到制造生产再到销售与服务市场的全产业链与价值链。日本在第二次世界大战后迅速崛起，依靠的就是全球产业供应链战略。德国提出"工业4.0"，不仅预示着一次新的工业革命，也是德国推出的产业供应链在互联网与物联网时代，人们开始研究与打造智慧城市，实际上一个城市的管理，是商流、物流、信息流、资金流、人文流等各种资源的优化组合，以实现发展模式、产业结构、空间布局、运作流程的最优化。

世界五百强企业无一不把全球供应链战略作为自己的核心战略，如美国沃尔玛、苹果，韩国三星，日本丰田，德国西门子，中国阿里巴巴、华为等。在经济全球化的今天，全球供应链战略已成为跨国公司的头号战略，优化供应链管理已成为成功企业的重要标志，实施与不断优化供应链管理已成为中国企业的必然选择。

严格地讲，供应链管理也是一种模式创新，是移动互联网、大数据、云计算支撑下的模式创新。而模式创新在各种创新中，对传统模式最具颠覆性和冲击力。近三十年来，全球制造业、流通业、农业发生了革命性的变化，这种变化的核心内容是由于分工的高度和信息网络技术的迅猛发展，使企业之间的竞争演变为供应链之间的竞争，也使许多企业从单纯生产或销售活动的组织者演变为链条的组织者和资源的集成者。供应链管理的发展正在改变传统的商流、物流、信息流与资金流的运作模式。例如，商流中的电商服务平台，物流中的供应链集成，资金流中的供应链金融，信息流中的大数据等。

供应链管理也是一种技术进步，包括供应链可视化绿色供应链、协同供应链、供应链金融、供应链风险、服务供应链、智慧供应链等。目前，最前沿的高新技术都在供应链中得到应用。

据美国物流咨询公司研究，一个企业如果只是简单地以第三方替代自营物流，借助第三方的规模效应和营运特点可节约成本5%；如果利用第三方的网络优势进行资源整合，部分改进原有物流流程，可节约物流成本5%～10%；如果通过第三方物流根据需要对物流流程进行重组，使第三方物流延伸至整个供应链，可取得10%～20%的成本节约。

总之，如果在全球推进和优化供应链管理，可以极大地改变各国经济的发展方式，改变产业发展方式，改变城市发展方式，改变企业发展方式，对全球经济从粗放经营到集约经营的转变做出不可估量的贡献。所以，世界因互联网而变，世界也因供应链而变。

3. 全球产业链

由于社会的分工形成不同的产业，产业链是产业之间基于一定的技术、经济关系并依据特定的逻辑关系和时空布局客观形成的链条式的关联关系形态。产业链可以分为集成产业链和延伸产业链，是既有广度又有深度的经济学概念，又是经济发展过程中的发展战略。产业链主要是从不同产业之间的关联度、影响度切入的。

全球产业链是指在全球范围内为实现某种商品或服务的价值而连接生产、销售、回收过程的跨企业网络组织，不同地区与国家都参与产业内部与产业之间的交易，从不同产业的全球分工到产业内部的全球分工，又发展到企业内的全球分工。以跨国企业为例，资金、人才、技术的全球流动正深刻地改变着世界经济格局，跨国公司目前控制了世界总资产的 1/3、70% 的对外直接投资 2/3 的世界贸易、70% 的专利和技术转让。

不同产业为了完成其最终目标，必然涉及产业链的完整性、层次性，产业空间布局，产业链整合，产业链金融，产业链生态等。特别是经济全球化后的产业转移、产业安全、产业可持续发展都是全球性的大问题。

第二次世界大战后，全球经历了三次大的产业转移，第一次是以马歇尔计划为代表，美国将钢铁纺织等传统产业向欧洲与日本转移。第二次是欧美和日本将轻工、纺织、家电等劳动密集型企业向东南亚和部分拉美国家转移。第三次是西欧、美国、日本等发达国家以及新加坡等新兴工业化国家把劳动密集型、部分次资金密集型产业和低技术型产业向发展中国家，特别是中国大陆地区转移。目前，第四次国际产业大转移已经成熟，"一带一路"将助推这一进程，带动沿线国家的产业升级和工业化水平的提升。

（二）全球供应链的实施

"一带一路"如何实施？在《推动共建"丝绸之路经济带"和"21世纪海上丝绸之路"的愿景与行动》中已有明确表述，提出了"政策沟通、设施联通、贸易畅通、资金融通、民心相通"五个重点；也讲到了"五项共建原则""四大框架思路""双边多边合作机制"等。"一带一路"不仅是中国的全球供应链倡议，也是沿线各国的全球供应链战略。

1. 打通"五流"

前面已讲到，充分的分工既带来了劳动生产率的提高，又带来了交易成本的提升。解决了环节过多、交易费用高、物流成本高的问题，要依靠互联网，要贸易便利化，要优化供应链，要依托综合运输体系，实际上就是要打通"五流"即商流、物流、信息流、资金流与人文流。"五流"通，路路通，就像人的身体一样，血脉通、神经通才是一个健康的体魄。

一是商流。这里指的商流包括三部分，一是实物流通，二是服务流通，三是知识产权流通，分别形成了货物交易、服务交易与知识产权交易。当今世界是经济全球化的时代，每个国家不可能单打独斗，要充分利用国内国外两种资源，两个市场，所以"一带一路"要进一步推进贸易便利化，消除投资和贸易壁垒，构建区域内和各国良好的营商环境，积极同沿线国家和地区共商、共建自由贸易区。

2012年1月，由奥巴马总统签署发布的美国《全球供应链安全国家战略》指出，"国际贸易已经并将继续成为美国和全球经济增长的强大引擎，近年来通信技术的进步和贸易壁垒及生产成本的降低，促使全球资本市场扩大，新的经济机会出现。对美国来说，支持这种贸易的全球供应链系统必不可少，也是一项重要的全球性资产"。

二是物流。物流是一个系统工程，是由物流基础设施、物流技术与装备、物流运作主体和物流行政与行业管理四部分构成。物流业是一个复合型产业，有包装、运输、搬运、装卸、仓储、流通加工、配送、货代、信息处理等功能实施一体化运作，现代物流的核心是信息网络技术与供应链管理。物流本身是手段，物流的绩效只有一个目标，即降低物流成本。所以，"一带一路"必须在由五大运输方式（铁路、公路、水运、航空、管道）构成的综合运输体系的建设上狠下功夫，在培育物流服务商上狠下功夫，在全球供应链体系的运作上狠下功夫，在物流枢纽建设上狠下功夫。美国《全球供应链安全国家战略》提出，"在货物通过全球供应链运输时，我们将加强其完整性，我们还将在这一过程中及早了解和解决各种危险并加强实体基础设施、交通工具和信息资产的安全，同时寻求通过供应链基础设施和流程的现代化充分发展贸易"。

三是资金流。资金流涉及投资体系、融资体系和信用体系，亚投行等银行的运作与监管、跨境支付、债券市场的开放与发展，确保供应链金融的风险与控制等。"一带一路"绝对不是资金从中国到沿线国家与地区的单向流动，而是要遵循市场规律，实现资本的双向与自由流动。

四是信息流。"一带一路"不能走封闭的老路，而走透明开放之路。在产业发展、投资建设、进出口贸易、关务管理等相关方面，实行信息共享，避免由于信息不对称造成不必要的摩擦与交易成本的上升。

五是人文流。这里指的人文流包括政府的政策沟通、文化交流、旅游合作、城市化推进、环境保护等。这是"一带一路"供应链整合的不可或缺的组成部分。

2. 产业链突破.

"一带一路"追求的是通过价值链、供应链、产业链的创新与完善发展经济，所以必须发展实业（含工业、农业、服务业），同时调整与优化产业结构。在不同国家与地区形成不同特色的集群经济与特色经济，如果只靠一个国家的力量是不够的，也是做不到的，既要用互联网的技术去创新，又要用供应链的模式去整合全球资源，利己也利他，实现共赢。"一带一路"沿线各国发展水平不同，差异很大。如何去发展自己的优势产业，是各个国家的主权行为，但要分析与抓准各自的长处与短处，加强政府、城市、行业、企业之间的沟通。"一带一路"要贯彻共享经济的思想，共享是一种财富，是一种艺术，是一种必然。在运作过程中，会出现某种不协调，不一致，这也是在所难免的。"一带一路"产业的发展也可能出现重复建设，形成产能过剩，加剧不必要的竞争。产业的发展是走出去还是请进来？是自主研发还是引进消化？都会产生种种矛盾，但人类正是在认识矛盾与解决矛盾中前进的。"一带一路"涉及的是国家关系，更多涉及的是企业关系，所以必须要有规制，有标准，大家一起来遵循联合国宪章与国际法则。

3. 中国要有大国担当

"一带一路"是中国的倡议，由中国主导，任何事情总得有个领头羊。对于"一带一路"，沿线许多国家给予高度评价，认为是一个极好的发展机遇，都表示积极参与。但受国际军事、政治、经济复杂关系的影响，不可能在认识上、行动上完全一致，加上某些国家不想看到"一带一路"取得成功，所以中国要有耐心，要有大国担当。

"一带一路"首先要有中国行动。《推动共建"丝绸之路经济带"和"21世纪海上丝绸之路"的愿景与行动》，是中国对"一带一路"的庄严承诺，是一个切实可行的行动方案，要进一步细化与落实，特别是国务院各部委，各省、市、区政府，既要考虑大局，又要切合实际；既要政府推动，又要通过市场发动企业参与；既要立足当前，又要着眼长远，通过"一带一路"，进一步提升开放的深度，提升经济、社会、文化发展的广度。

"一带一路"要求练好内功，首先按中央经济工作会议精神和"十三五"规划做好中国自己的事，特别是以五大发展理念为灵魂，改变经济发展方式，调整经济结构，以"一带一路"为契机，实施东、中、西部的协调发展，打造产业布局新格局。历史将证明，"一带一路"是一条互尊互信之路，是一条合作共赢之路，是一条文明互鉴之路。"一带一路"与古代"丝绸之路"一样，将载入人类文明史册。

第六章 区块链技术与"一带一路"数字供应链整合应用研究

第一节 区块链技术在"一带一路"数字供应链中的应用现状

一、区块链技术应用现状

对于跨境支付方面。2016 年招商银行基于区块链技术开发了跨境直联清算系统。在此之后，中国银行完成了我国国内首笔区块链技术下的国际汇款业务。2018 年下半年，中国银行通过利用区块链跨境支付系统，成功完成了中国河北雄安与韩国首尔这两地之间客户的美元国际汇款任务，这是国内银行首笔应用自主研发的区块链支付系统完成的国际汇款业务，这标志着中国银行运用区块链技术在国际支付领域取得了重大进展，也是推动"一带一路"区域经济贸易的体现。中国银行使用区块链跨境支付系统的国际汇款具有汇款速度快、无需对账等优点，中国银行利用区块链技术进一步提升了国际支付的安全性和透明度。中国银行通过使用区块链跨境支付系统，在区块链平台上可以快速实现参与方之间支付交易信息的可信共享，并可以在数秒内就完成客户账的解付，实现实时查询交易处理的状态，实时的追踪资金动态。同时，这使得银行可以实时销账，实时了解账户头寸信息，提高了流动性管理的效率，也是"一带一路"区域数字供应链发展的必然趋势。

银行业中的区块链应用正在逐步落地，虽然目前为止其落地数目很少，但区块链这一领域仍受到了很多的关注，在中国银行实现利用区块链支付系统完成两国间的国际汇款业务之前，阿里巴巴就完成了全球首笔区块链跨境汇款业务，全球首笔利用区块链技术的同业间跨境人民币清算业务也由招商银行联手永隆银行、永隆深圳分行完成。这些已经落地的项目标志着我国区块链技术在国际支付领域中取得的重大的进展，对于"一带一路"的推进，具有积极的促进作用。对于跨境物流方面。中国各个电子商务公司都在积极的应用区块链技术于跨境物流当中，例如 A 通过研究与试验已经成功将区块链技术应用于他们的跨境物流业务当中。A 公司表示，有关生产、运输、海关、第三方核查、安检等相关跨境物流的细节信息已经基于区块链系统被记录下来。以区块链技术解决跨境物流追踪等问题是实现商品品质与效率的双方面升级。

对于跨境溯源方面。国内外都积极应用区块链技术解决跨境溯源问题。英国 Provenance 软件公司已经采用将食材信息记录在区块链系统中的方式，保证食材的数据信息真实可靠。在国内，阿里与京东也应用区块链技术完善跨境食品供应链，使其透明且商品信息可追溯。在跨境食品的各个环节中应用区块链技术，使得数据的采集依赖于机器，解决了跨境溯源方面信息不对称的问题。

二、区块链技术应对跨境支付问题

在现有的传统国际支付业务中，跨境支付交易信息需要在许多家银行间进行流转、处理，其中不仅包括国内银行，也包括了国际银行，这不仅使得完成一个跨境支付业务耗费更多的人力与时间成本，还使得跨境支付业务的客户无法实时获知交易处理的状态和资金动态。流程过于繁杂使得用户体验差，也有泄露个人信息和交易信息造成损失的风险。在现有的传统国际支付业务中，管理资费标准高、资金流转时间长、经营风险盲点多等问题限制了我国跨境电商的发展。

表 6-1　现有主流支付方式优缺点

支付方式	优点	缺点
银行电汇	速度快、支持先付款后发货	限制买卖双方的交易量、层级代理使得跨境支付成本高
国际信用卡支付	主流支付方式，使用人数多	接入方式烦琐，收费高、额度小
第三方平台支付	线上交易，交易便捷	卖家保护政策、交易费用高

区块链技术在跨境支付方式上与传统跨境支付最大的不同是转变了支付的流程，这一转变是在去中心化的前提下实现的。中心化所采用的支付流程简化地说，一般是买方下单并且付款，第三方收到买家货款后通知交易卖方发货，卖方收到第三方的消息后发货，等到买家确认收货并且确认货物没有问题后，第三方就会把款项转到卖家账户。中心化支付流程是买方向第三方下单并付款→第三方收款并通知卖方发货→卖方将货物发给买方→买方向第三方确认收货→第三方向卖方付款。

此种交易过程是中心化思想的一种最简单的交易模型，目前跨境支付采用的正是这种中心化的交易模式。但是通过第三方机构来保证资金和数据的安全性并不是万无一失的，跨境交易很容易遭到来自第三方机构的影响，这是因为第三方机构的安全性也不能完全保证。因此采用中心化方式的跨境支付模式有许多安全性问题，并且层级代理结构使得跨境支付的收费相比国内支付更高。区块链技术消除了第三方机构，使得买卖双方直接交易，不仅降低了跨境支付的交易成本，提高交易效率，同时也杜绝了来自第三方机构的影响。利用区块链技术，使得跨境支付中买方与卖方直接交易，无需中间机构参与，极大地促进了"一带一路"的发展。

基于最简单的支付流程来看，建立一个简化的去中心化的新型交易模型。买方提交订单并付款后，使用区块链来完成储存转账信息并通过广播的形式发布出去，使得区块链中所有的节点都收到这一交易信息数据。卖方收款并发货，这一交易信息同样被区块链储存并通过广播的形式发布出去，买方最终确认收货。通过建立这样一个简化的去中心化的模型就能够知道，交易过程出现了本质的改变。首先每个人的账本上都储存着完全一样的信息，如果有一个参与者的信息有所变化，不会影响到其他人的账本上的原始的交易记录，这些原始的信息都是交易过程完成的证明。支付流程出现这些变化，一方面是由于中心化传统模式的改变，另一方面是区块链技术分布式的存储方式优势的体现，跨境交易过程的真实性以及可信性都通过多个节点的信息备份方式得以实现，也可以让区块链中的每个人维护共同的数据，同时也可以相互监督交易过程中的行为。

在传统的跨境交易方式中，账目记录在双方间分开进行，不仅消耗了大量的人力资源和时间成本，而且调整相互间的矛盾，往往会影响结算效率。使用区块链技术，所有交易清算记录都是链内，安全、透明、防止篡改并且可以被追溯，跨境支付效率被显著提高。通过智能合约还可以实现跨境交易的自动结算，尤其是在跨境支付方案中能够显著降低成本和错误率。

三、区块链技术应对"一带一路"跨境物流问题

目前跨境物流所遇到的问题包括跨境配送速度慢、不确定性强、跨境物流费用高、跨境配送商品受限制、跨境商品退换货难度大、货物丢失率高，无法做到跨境物流的全程追踪。目前我国跨境电商所应用的跨境物流模式主要包括四种，分别是：邮政小包、商业快递、专线物流和海外仓。邮政小包的优势有清关方便，投寄方便等，但邮政小包的配送速度较慢，货物丢失率高，不能提高跨境物流效率。商业快递的优势是运输速度快、货物丢失率极低、并且可以实现货物信息的全程追踪，这对于实现跨境物流的高效率及产品信息流可查询是十分重要的。但商业快递没有打通跨境物流中的各个环节，例如海关等不能对跨境货物的信息进行追踪等。专线物流的特点是货物送达时间是基本不变的，对于运输时间的把握更加精确。在海外仓模式下，国内卖家先将货物存储到国外已经安排好的仓库中，下达订单后，国外的仓库可以像国内受到订单后一样，进行货物的分拣、包装和配送。但海外仓模式投资成本较大，只适用于较大的平台卖家，而且对于卖方的准确的市场预期有非常高的要求，否则很容易就会造成库存积压，导致较大的损失。但目前这些物流模式都没有解决跨境物流跨境运输成本高、运输时间长、货物损坏定责难及物流信息的全程分享问题。

由此，加强跨境物流的信息化建设，实现跨境物流的全程追踪，解决物流运输过程中的信息不对称问题，是我国跨境电商函待解决的一大问题。各个主体间的物流信息系统需要互联互通，需要构建完整的跨境电商信息链，使得信息不对称问题得以解决。"互联网＋物流"的信息系统建设是跨境物流的发展方向，需要互联网技术优化跨境物流的信息共享建设。

以区块链技术解决跨境物流运输成本高、时间长以及货物损坏难定责等问题是可以实现的。跨境物流系统是由多个主体组成的利益共同体，包括国内物流、海关、报检机构国际物流等等，这十分符合区块链技术多节点参与的特征。若交易信息可以被区块链技术全程记录，那么实现跨境物流的全程追踪，解决物流运输过程中的信息不对称问题便是有可能的。区块链技术还在以下几方面促进跨境物流的发展：

第一，区块链技术可以提高清关效率，减少了手动验证的要求。区块链技术可以使跨境物流易于预处理，即货物的到货前处理和货物的快速通关，必要的数据可以在账本上实时共享。海关文件通过系统提交，海关文件根据智能合约中预定选择标准自动分析并立即评估，符合标准的产品会自动标记。

第二，提升跨境物流效率及数据准确性。智能合约可依据法律和监管的要求来进行编程，实现自动支付关税，例如当货物到达进口商海关时"自动"处理货物付款。在有疑问时，区块链不可更改性使得跟踪和审核交易变得容易。采用区块链技术来登记税率，有利于增加交易数据的准确性。

第三，区块链技术可跨境物流解决追责难的问题。由于区块链具有真实性、可信性、不可篡改性等特点，又能为参与区块链的多方主体提供访问权限，可以用于跨境物流产品的追踪，区块链中商品的物流情况可以被实时查看。各参与主体的责任得到了有效且公正的认定。跨境物流信息被写入区块链且加盖时间戳，不存在任何更改数据的可能，因为数据存储于各个主体中，单独修改一个节点的数据没有影响。在区块链系统中，所有的区块链系统参与者共同维持账本的数据积累，账本只能严格按照既定的规则和共识进行修改。

利用区块链技术建立"一带一路"跨境物流的基础数据库。将厂家发货、国内物流、清关、商检、国外派送等跨境物流信息全部写入区块链系统中，由区块链系统保证以上跨境物流信息无法被篡改，保证消费者查询到的跨境物流信息是实时且正确的。消费者可以利用跨境电商平台来向系统发送请求查询跨境产品的相关信息，然后消费者能够快速得到已输入跨境物流基础数据库中的跨境物流信息。例如，消费者通过配送的实时信息发现货物不符合订单要求时，可以直接和国际物流公司沟通，使跨境物流中止。问题被事先控制，提高了跨境物流的效率，节约了跨境物流的成本，海关也可以通过货物的来源信息查询跨境货物是否符合要求。

四、区块链技术应对"一带一路"跨境产品质量溯源问题

区块链技术由于区块链时间戳技术的溯源功能可以应对跨境溯源问题。区块链技术的追溯特质指的是在同一区块链的所有交易主体可以追溯在此之前的任何交易记录。这正能应用于跨境溯源中，消费者、海关需要通过追溯跨境商品的有关信息来鉴别跨境商品是否为正品。利用区块链技术应用于跨境溯源的目的是建立一个数据查询的平台，实现跨境产品的溯源，保证跨境产品的产品质量。

近年来食品行业的各种问题使食品公司和零售公司正寻找相关技术，使他们快速追踪到问题产品，帮助恢复消费者对食品的信任。以区块链技术解决跨境溯源问题，要求从源头开始就要有详细的记录，避免问题逐层积累，每一个细节都需要配备区块链技术，区块链技术在防止产品信息被篡改的同时，能够以更安全的方式实时跟踪、更新跨境产品信息。鉴于此，区块链技术可以建立一个用于查询"一带一路"跨境商品信息的数据库，在这个基础数据库中可以查询到跨境货物从源头起的信息。

首先，由跨境电商平台或者商检局作为主导机构，建立公有区块链，相关的供应商、制造商、跨境电商平台等交易主体通过实名注册获得区块链记账权限。然后，建立区块链溯源相关的基本数据库，主要包括供应商、制造商、经销商、零售商等交易主体的所有交易及产品信息数据库等。海关等检查机构和消费者可以通过商品源头信息查询平台来对跨境货物进行溯源。

由于跨境电商平台大数据的应用，平台本身拥有上游供应商和下游消费者全部数据的优势，因此跨境电商平台能够利用此优势建立上文提出的比较完备的跨境溯源基础数据库。平台可以将各个环节的参与者都纳入其中，将跨境交易各个环节的参与者变成区块链系统的参与者。将跨境电商平台上产品的所有信息全部归档至区块链系统中。由区块链系统保证以上信息在跨境电商平台中无法被篡改，保证消费者查询到的信息安全可靠。消费者可以利用跨境电商平台向系统发送请求来查看跨境产品的相关信息，并能够快速得到已经输入跨境溯源基础数据库中的产品信息。

区块链技术为"一带一路"跨境电商提供了打击盗版的机会，因为区块链技术自身所具备的不可更改性以及透明性，使得识别产品的来源变得十分容易。许多初创公司正在研究用于跟踪和识别药品、奢侈品和时尚产品、电子产品等跨境商品的解决方案。保障消费者能够获得真正的优质产品。例如，时尚品牌 Babyghost 与致力于品牌、商标以及产品保护的创业公司 VeChain 合作，在每个服装中嵌入了一个以区块链技术为基础的 VeChain 芯片。通过扫描二维码，消费者可以访问服装的信息，包含与设计师以及设计相关的信息，以验证产品的可靠性。

表6-2　区块链技术应对跨境电商出口贸易问题

	跨境支付	跨境物流	跨境溯源
问题	存在层及代理，人力与实践成本高，存在暴露客户信息风险	跨境配送速度慢、费用高、跨境商品退换货难、追责难	跨境商品信息的真实性问题，各个交易主体间信息不对称
解决对策	利用区块链去中心化特征，完成储存转账信息并通过广播的形式发布给所有节点	区块链智能合约技术提升通关效率增加数据正确率，时间戳技术与物流全程追溯解决追责问题	以区块链技术建立跨境溯源基础数据库，各个主体可以在区块链基础数据库中查询跨境商品信息，保证数据真实性

表6-2总结了跨境支付、跨境物流、跨境溯源的问题与解决对策。由上文的介绍可以得出跨境支付存在人力成本高，效率低，存在信息泄露风险等问题，笔者在这里以区块跨对链技术去中心化的特征，提出对应解决对策。跨境物流存在物流速度慢、成本高、跨境商品退换货难、追责难等问题，对应提出智能合约的使用能解决以上部分问题。对于跨境商品信息的真实性问题，若能建立跨境溯源数据库，则能够使真实信息被及时查询。

第二节　区块链技术在"一带一路"数字供应链中的应用措施

一、外部问题分析

（一）行业标准问题及监管存在一定难度

由于区块链技术对于中心化的剥离，产生了众多的交易节点，那么不可避免导致进入链网的交易节点没有一贯统一的准入标准，加之各个交易的节点的需求层次纷繁复杂不尽相同，尤其在跨境贸易中，导致各个主体所维护的权益不同，对于区块链开放程度所持有的态度不一，因而在区块链行业难以形成统一的行业准则。各国由于国情和贸易金融发展的差异，对于金融交易的监管也不尽相同，对于众多交易节点的监管要区别对待，这就加大了对于区块链在"一带一路"区域数字供应链进行交易监管的难度。

（二）信息隐私安全保护存在漏洞

区块链技术较传统支付方式的安全性在于其采用数字签名方式进行加密和解密，但当信任节点凭证因某些不可抗因素丢失，会造成资金结算渠道加塞，导致整个交易流程无法正常完成。所以目前，区块链作为底层技术的跨境支付在信息安全方面，暂时没有形成值得依赖的信息安全防火墙，这一方面仍有待探索。同时，如何平衡信息共享和隐私保护，在区块链时代，将会成为一个至关重要的问题。信息保护和信息分享的立法推动和完善，将是区块链技术商用的前提条件。预期加强对隐私保护的解决方案是通过隐藏或隔断交易地址和地址持有人真实身份的关联，从而达到匿名性的效果，即可以看到的是每一笔转账记录的发起方和接收方的地址，但无法匹配对应到真实中具体的某一个个体，从而可以规避隐私安全保护的难点。

（三）区快链技术人才供需严重失衡

由多方数据显示，目前我国区块链人才市场存在严重的供不应求情况；另一方面，求职者被高薪吸引，却发现面对较高的技能门槛，导致人才市场存在泡沫，招聘质量受到影响，影响行业发展。而且我国缺乏相应师资，这成为高校区块链教育的一大障碍。同时反观印度，由于巨大的专业人才需求缺口，直接推动了印度的区块链科研发展，成为亚太地区最大的区块链人才储备国，对于我国存在强大的潜在挑战。

（四）权衡机制的挑战

去中心化的程度与共识机制性能并不是共存的关系，互相优势难以保存，二者之间此消彼长，去中心化程度越高，共识机制效率则会越低。反之，当区块链的去中心化程度越高时，由共识机制的效率直接决定的交易时延就越长，交易吞吐就越低。因此，区块链的发展必须解决去中心化程度与共识机制效率之间的平衡问题。此外，区块链的发展还必须权衡账本存储容量和处理性能之间的关系。随着交易量的逐步增长，存储策略和效率须改进。同时，账本的规模化增长会带来参与节点的硬件资源门槛提高的问题。而且从古至今，革命性的技术有很多，不同程度地推动着人类社会的进步，在各种新技术之间还存在激烈的竞争和替代关系。区块链技术并不是唯一最优的技术，依然面临着各方面的挑战，在科技发展中，区块链技术是炙手可热还是逐渐退去还需要多方博弈。

二、内部问题分析

（一）技术特性反制风险

区块链不可篡改虽是优势，但同时也是最大的弊端之一。因为在错综复杂的数据系统中，需要有一定的容错比率，没有人可以完全保障上传至区块链中的原始数据是绝对正确无误，它需要有一定的更新和修改的空间。比如以太坊智能合约就出现数据漏洞，但却无法修正。没有完美的技术，虽然区块链的是解决公平信任问题，但是现在它又创造了一个新的问题，即"原生错误问题"。

（二）技术萌芽期的固有问题

一个新物种或者新现象往往会极大地促进理论边界的拓展，然而任何新技术都可能遇到初期问题。在技术萌芽期，"区块链＋跨境支付"设计方案中尚存在由于自身技术的缺陷。就联盟链而言，由于联盟链涉及不同行业，区块的顶层设计的复杂程度要远高于其他形式的区块，而在区块链中，交易的确认需要等待区块的生成和确认，因为需要生成区块链，涉的工作量证明的耗时存在方差，所以在"一带一路"区域中，单笔交易延时不能达到有效控制范围内。面对"双花问题"威胁时，必须达到的要求是诚实节点产生区块的速度大于攻击节点的速度。如果没有达到要求，即恶性节点攻击速度超过诚实的节点，那么意味着联盟链无法满足央行支付清算系统，因为哪怕仅有万分之一的概率会被攻击者攻陷，也会导致产生双重支付的可能性。由于大额支付系统的实现方式是通过实时全额支付系统（RTGS），对于实时性要求高同时具有清算资金量大等特点，所以联盟链要达到逐笔实时清算方式的要求较困难。

（三）自身的性能容量问题和安全局限性

区块链也有安全性的技术限制。虽然比特币作为区块链的代表性应用之一，迄今为止似乎没有受到破坏性的攻击，但一个运转良好的系统，安全性是重中之重，潜在的安全问题不容忽视，区块链的安全防护在"一带一路"区域经济体中仍面临着严峻的挑战。区块链技术方面的局限性主要体现在51%攻击、私钥与终端安全、共识机制安全三个方面。51%的攻击：如果参与计算的节点数量太少，区块链需要引入大量公共资源来参与系统，则会面临超过一半以上节点攻击速度的可能性，对体系的良好运转产生威胁。私钥与终端安全：在目前比特币的机制下，私钥存储在用户终端本地。如果用户的私钥被窃取，将对用户资金造成严重损失。区块链如何解决私钥被窃取的难题，仍需探索。共识机制安全：现阶段情况下，多种基于区块链的共识机制已被提出。但共识机制能否实现真正的安全，仍缺乏严格的证明与试验。因此，如何保障共识机制的安全是一个挑战。

（四）重复计算，浪费资源

去中心化的分布式记账是区块链技术的应用最大的亮点，但在实际跨境支付中，尤其放眼于全球网络，一笔交易的达成及区块链的生成一般意义上来说只对该笔交易相关的两端交易方有效，但为了验证有效性，却要牵扯到全球网络中所有的节点进行记录验证，所以，相对来说短期内存在大量不相关的记录以及庞大的存储空间，偌大的计算量需要巨额的电力和算力作为支撑，从而也造成了资源的浪费和记录的重复。

综上所述，笔者认为，目前在"一带一路"区域经济体中大规模采用区块链技术还存在大量的未知因素，发展如何无法预判。因此，它的使用可能被证明是一种演变而不是革命，它可能需要一段持续的时间才能对交易的方式产生影响，所以它能带来的影响和改变并不是一蹴而就的，它需要通过渐进式的改进。未来可以预期，在介于完全中心化和完全去中心化这两个临界点之间，会出现一个部分去中心化的新领域，部分去中心化的程度呈阶梯层次分布，可以因地制宜的满足不同场景，而区块链公司应作为科技公司，应提供技术支持服务。

三、区块链技术在"一带一路"跨境支付中应用的措施及建议

（一）严格制定和加强完善相关法规监管

原有的经济金融的政策制度框架和措施越来越跟不上技术形式的变化。监管部门不能有滞后性，应该与时俱进。充分发挥金融科技的力量进行调试性的监督管理，结合实际情况完善法条和措施，建立有针对性的监管体系。

我国监管着重在以下三个方面：首先降低市场准入门槛限制，鼓励区块链初创公司进入市场，放宽市场牌照发放的限制，提高同行业竞争力，参照并学习国外监督管理模式，在符合法律法规的情况下，鼓励竞争和创新，加强区块链技术在金融科技市场中的应用。二是法规的建立要适应新技术在支付中的应用，搭建基本的法治结构，完善支付交易法规机制，在法规框架中进行交易和创新，同时健全责任归属，犯罪追偿机制，使得区块链技术在支付中受到良好的制度环境保障的同时合理的发展。另外法规的建设也并不是一成不变的，要顺时而为因地制宜的调整和完善，加强与国际监督机构的联系，深化合作交流，与时俱进，使得法律条文能够及时更新，跟得上区块链技术应用的发展速度。第三个方面，从保障消费者权益的角度出发，普及新型交易关系中的多方权利及义务关系，明确风险及责任归属，加强区块链技术支付中的监督教育，提高消费者法律意识，法律部门制定有针对性的法律保障交易方的合法权益。

（二）建立完善合理的区块链标准体系

我国要积极参与国际区块链标准协议的设计，可以先从各国之间区块链产业合作研究开发的角度打开思路，与应用落地相适合的原则切入，完善行业标准体系的建立。由于当前有很多区块链开发平台，数据交换标准、应用接口、信息安全等都没有统一的标准和认识。标准化体系可以区块链在跨境支付中的应用通道，提高应用效果、防范应用风险。区块链标准化体系与市场监管法律法规相辅相成。

一是对于跨境支付应用机构而言，加强市场法规监管可以防范风险，有利于企业开拓业务。二是对于政府机构而言，区块链的标准化体系有利于加强市场监管和制定监管政策，为深化法治建设提供重要的参考和依据。三是争取第一进入者优势，成为

制定国际标准的先行官。目前，全球区块链产业的监督规范和标准尚未建立和制定，对于区块链参与的贸易金融行为更是缺乏明文法条的约定。因此，监管部门应抓住区块链带来的机遇，鼓励金融机构为国际标准的制定积极做好各项准备工作。由于处于产业的萌芽期，同时要加强区块链创业公司的弹性监管，在对于区块链产业公司科学分类评级的基础上，弹性监管鼓励竞争关系。

（三）促进区块链支付模式科研进展，培养专业人才

我国目前对于区块链产业在跨境支付中的研发成果相比于国外来说尚显滞后，这是由于一方面政府严谨审慎的态度，警惕社会中概念炒作的风险，另一方面是我国对于区块链技术人才的缺乏，供需严重失衡，研究成果较少。央行可以牵头商业银行，并联合相关政府等有关部门和其他金融机构，重点在"一带一路"跨境支付、银行间的支付结算系统、数字支付等方面加强研究，开发出具备通用性质的支付服务平台。最好建立国内高校、金融机构或研究所、科技公司三方的合作科研关系，三方可以联合培养专业人才，提高人才的专业复合度，相互促进，相互加强。组织区块链支付模式研讨会和交流讲座，设立专业学科或课题组，普及区块链支付的相关知识，提高大众的认知边界。开发者就是科技公司的未来、技术的未来，所以，除了不断增强平台实力，务必要将开发者培育置于发展策略之首，开发者才是生态壮大的根源力量。

（四）金融公司内部成立区块链实验室

鼓励跨境支付平台与科技公司的结合，根据其所应用区块链程度进行科学合理的评级。深化合作模式，交互学习，取长补短，渐进式发展。彼此发挥比较优势，一方面银行可以为金融科技公司融资，促进其研发试验；另一方面与金融科技公司合作加速银行中心化系统的更新换代，提高业务服务质量和用户体验，共同推进"一带一路"跨境支付技术进步。

同时与金融科技公司共同建立联盟制定行业标准，许多大型商业银行纷纷成立内部的区块链实验积极开发区块链技术，探索符合隐含自身特点并能发挥比较优势的区块链引用场景。比如，瑞士联合银行集团、花旗银行、纽约梅陇银行等均已成立区块链实验室，针对加密数字货币、跨境支付结算等应用场景进行研发探索重点突破支付结算、清算、分布式记账等技术瓶颈，尝试借助区块链技术推动传统跨境支付模式转型升级。实时审慎地了解区块链金融行业的动态。为了尽快实现账户支付端区块链化，要积极推动区块链技术的试验，用战略的考量布局区块链金融基础设施建设。

（五）加大区块链产业投融资力度

政府要发挥在区块链技术应用中发挥主观能动性，起到引领的作用，能够出台相

关激励政策，并给予资金兜底。对于区块链新兴产业技术公司给予一定的税收优惠，涉及交易中的应用研究实验所花费的成本和投入，政府应该考虑给予适当的补贴。同时在符合法律法规的前提条件下，可以牵头社会民间资本参与到区块链支付应用体系的构建中，鼓励金融科技公司试验探索，加大区块链支付应用的科研力度和投资经费，支持试错并创新新型的商业模式。

（六）合理合规选择区块链技术运用的路线类型

区块链技术的应用发展根据不同需要有着不尽相同的发展路线类型。就从支付清算领域，区块链技术的发展以联盟链的形式相对因地制宜。虽然目前交易支付领域不一定能够完全实现去中心化，但可以实现部分或者多中心化。通过打通各个银行等金融机构的网关作为记账节点，以联盟链的方式进行金融资产交易运行。目前国内联盟链应用方面始终缺乏较为清晰的开发指引，也许是受制于商业利益等因素，方案披露常常语焉不详。从设计角度来讲，联盟链首重的是联盟的构建和内部效率的提升。因此，在通过区块链技术构建可信连接的基础上，增加对应用便利性的支持是非常必要的，现有的联盟链多数在部署上都比较复杂，也缺少工具性支持。无论从应用还是竞争的角度来讲，国产联盟链确实需要多加强这方面的工作。

第三节　区块链技术下"一带一路"数字供应链整合措施

一、区块链平台在供应链金融中的实践效果

（一）加入联盟链的合作者增多

由于区块链平台在一定程度上解决了信息不对称问题，研发公司与多家银行、信托、保险、小贷、担保公司等达成合作意向，共同组成联盟链，为区块链技术应用至供应链金融业务中做准备。2017 年 3 月 7 日，金融科技技术和富金通共同推出名为"Chained Finance"的区块链金融平台，向包括银行在内的众多金融机构开放，共同达成合作意向；2017 年 4 月，易见股份携 IBM 中国研究院联合发布了区块链供应链金融服务系统——"易见区块"，与多家国有上市公司展开合作。

加入联盟链的合作银行与其他上市公司的部分名单列表如表 6-3 所示。从表 6-3 中可以看出，以银行为代表的融资企业向中小企业敞开融资大门，表示愿意接受应用区块链技术的供应链金融业务模式，与研发公司达成前期合作共识，为日后业务拓展奠定基础。在众多合作者当中，以商业银行占比数量最大，其次是上市公司。各类型

合作机构数量比例如图 6-1 所示。

表 6-3　加入联盟链的合作银行与其他上市公司的部分名单列表

机构类型	合作者的部分名单
商业银行	建设银行、浙商银行、浦发银行、平安银行、光大银行、江苏银行、中国银行、苏州银行、民生银行、嘉兴银行、中信银行、南洋商业银行、晋城银行等
合作企业	腾讯、阿里云、富士康、趣链科技、网录科技、中链科技、中储发展
小贷公司	陆金服、你我贷、人人贷、惠金所等
资产管理公司	长城资产管理股份有限公司、中铁建资产管理有限公司、天府惠融资产管理有限公司等

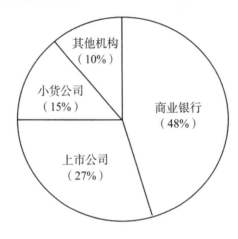

图 6-1　各类型合作企业数量占比

　　将区块链技术成功应用在供应链金融的优秀案例尚在征集当中，但是各家企业推出的区块链供应链平台普遍完成并通过了系统测试验证阶段，并对服务系统不断升级完善。2019 年 4 月 2 日，海联金汇公司自主研发了区块链底层框架优链系统 UChains，在供应链金融服务系统上线，与光大银行合作完成业务验证。桥链系统在 2018 年 5 月，发布 Beta 版本，实现多链系统以及跨链资产交换；同年 7 月，发布 1.0 版本，实现系统的基础框架，供应链金融业务初步落地；同年 12 月，发布 2.0 版本，继续优化业务结构，实现供应链金融 BaaS 平台，打造供应链金融初步生态。链平方科技公司自行开发的 Everchain 技术目前已投入使用一年，运行稳定，其自主研发的应用于供应链金融业务的区块链底层基础平台已获得众多金融机构、品牌商、上下游企业的认可。从上述案例中可以发现，将区块链技术应用至供应链金融中已取得初步成功，大部分服务系统通过测试，具备业务对接的能力。众多银行和上市公司等也携手加入联盟链，开始接受区块链下的供应链金融模式，不再因信息不对称问题而拒绝为中小企业融资。

（二）区块链供应链平台运行速度快

表 6-4 区块链供应链平台信息对比情况

区块链供应链平台类型	公有链	联盟链	私有链
服务主体	所有人	特有组织	单独个人、实体
中心化程度	去中心化	多中心化	中心化
交易速度	3 ~ 20 笔／秒	1000 ~ 10000 笔／秒	1000 ~ 10000 笔／秒
记账人	所有人	参与者协商	自拟
节点储存	个人计算机	特定计算机	特定计算机

区块链供应链平台信息的对比情况如表 6-4 所示。从表 6-4 中可以看出，结合区块链的供应链服务系统在处理信息时，运作速度快，联盟链和私有链的平台交易速度均可达到每秒成交上千笔业务。该供应链服务系统在为供应链中各个参与主体提供信息服务时，根据不同的区块链使用类型，提供对应的运行效率。当前阶段由众多银行和其他合作企业共同参与组成的联盟链，对应平台交易速度已达到 1000—10000 笔／秒，对于新诞生的技术平台而言，足够处理试运行阶段的业务量。联盟链形式下的服务系统相比另外两种，既能通过参与者共同进行信息处理，保证信息不被任意篡改，又能杜绝参与主体进入完全不受管控的状态，灵活运作，为供应链金融业务的运作提供高效服务。

（三）实现的融资项目成交金额大

基于区块链的供应链金融部分案例交易情况如表 6-5 所示。从表 6-5 中可以得知，区块链供应链平台已陆续进入正式运营阶段。从已完成的融资项目来看，供应链系统可以实现平稳运行，并完成较大交易金额的融资项目，有实力为供应链金融中的参与者提供优质服务。不论从成交金额还是从安全性上看，均能出色完成指定任务，没有出现纰漏，该模式下的供应链金融业务值得被普遍推广。

表 6-5 基于区块链的供应链金融部分案例交易情况表

平台名称	成交情况
易见区块	该系统已有 30 余家医药流通企业注册。2017 年 6 月"易见区块"增加了大宗场景投放，并与多家国有上市公司展开合作。截至 2018 年 3 月底，易见区块已完成 21 亿的融资额。截至 2017 年底，秒钛坊的测试网络已经上线，5 个机构节点在试运行，已完成超过 1 亿元交易额的供应链金融业务。2017 年 3 月，平台已在电子制造业的供应链中成功试运行，并通过区块链技术线上成功发放多笔借款，金额超过 10 亿元。
秒钛坊	
点融"Chained Finance"	

在真实落地的基于区块链技术的供应链金融案例中，覆盖的行业领域也较广泛。2018年10月31日，中国信通院发布了《区块链与供应链金融白皮书》，其中对"区块链优秀案例征集"进行了数据统计。结果显示，基于区块链的供应链金融案例多达16个。其中，首个入选案例——微企链，已服务上链的核心企业多达71家，建立战略合作银行多达12家，服务行业覆盖地产、能源、施工、医药、汽车、先进制造等领域。2017年4月，易见股份携手中国研究院联合发布的区块链供应链金融服务系统——"易见区块"，已在30余家医药流通企业注册成功。从上述案例中可以发现，结合区块链技术的供应链金融适用于诸多行业，满足当前供应链金融对业务创新的需求。

二、区块链技术在"一带一路"供应链金融上应用的优势

（一）去信任交易方式一定程度上解决了信息不对称

在供应链金融中，中小企业会因为信息不对称问题而影响授信资格，而应用区块链技术的供应链金融可以有效缓解信息不对称问题。金融本身很大程度上就是以信任为基础，包括个体与个体之间的相互认知、金融市场中机构与机构间的相互了解、政府对市场的自由化程度等等。可当前金融市场的征信系统还不够完善，因信息不对称导致中小企业的运营实力被低估，银行便拒绝对其授信，核心企业拒绝与之合作。

应用了区块链技术的供应链金融采用去信任交易方式，之所以能一定程度上解决信息不对称问题，原因在于分布式的数据结构保证供应链中所有用户在信息获取方面拥有同等权力。区块链类似于一个分布式的记账本，链上每个主体处于同一等级，不再由银行类的金融机构作为中间联系人负责搭桥引线。在分布式的结构下，数字签名让所有用户都能获得共同信息，大家彼此都清楚所有交易者的情况，也就不存在信息不对称的问题。银行不需要按照以往方式，依靠中间核心企业作为监督者代为查询中小企业的实际情况，也由此节约了时间成本和人力资源。对于中小企业而言，向银行融资时便不会再因银行不了解企业实力而被拒绝贷款。同时交易者无须像以往那样耗费大量人力、资金去核实对方情况的真实性，任何信息在数据库中都一目了然。由银行主导的传统金融转变成为全民参与的普惠金融。

因此，将区块链技术用于"一带一路"供应链金融中是一个值得推广的项目，该模式下的供应链金融实行去信任交易方式，各个主体不再因信息不对称而受制约，企业经营状况如何、是否符合融资条件，所有用户均一清二楚，合作公司和银行无须特地耗费成本核实对方情况。在这种条件下，原本有实力却因信息不对称处于劣势的大批中小企业便可不再被排挤，对于他们而言，因信息不对称问题而导致融资困难的问题由此得以缓解。在促进供应链金融发展方面，将区块链技术用于供应链金融业务中具有极大的优势。

（二）数据公开透明保障信息不被篡改

在"一带一路"供应链实际交易过程中，由于涉及主体众多，环节繁杂，跨越地域广阔，中间操作时难以对每个细节都监察到位，容易给不安分守己的交易者钻空子，趁机篡改信息，从中谋利。若将区块链技术应用到供应链金融中，就可以完美防范甚至解决这个问题。区块链中的数据公开透明，除了用私钥只能自己获取的信息部分，其他公共信息所有用户均可用公钥开启查询。应用区块链技术的供应链金融所展现出的这一特点，有助于所有用户信息不被肆意篡改。由于信息是公开透明的，任何一个节点的数据被篡改都会暴露无遗，即使其中一部分用户由于粗心大意没有发现此情况，最终也会被其他用户发现。无形之中供应链中的所有用户都成为信息的监督人，彼此相互监督，共同维护数据库的信息安全，降低信息被篡改的风险。

如果仅仅依靠信息公开透明也并不能完全保证信息安全，区块链中使用到的哈希函数的技术原理同样起到相当大的作用。根据哈希函数的计算方式，新的哈希值结果依赖上一个哈希值，一个衔接一个，区块中所有数据串在一起，前后相联系，不是由单独的个体形式存在，交易者要想私自篡改其中任何一个节点而不影响其他节点难以实现，除非攻破51%以上的节点。可是即使做到了也会耗费大量成本，得不偿失。将这一技术运用到供应链金融中，可以有效防范心存不良的用户私下恶意篡改信息，从中谋利。关于哈希函数技术原理在前文已经提及，这里不再赘述。

结合上述分析，应用区块链技术的"一带一路"供应链金融业务值得肯定和推广，因为这种业务模式可以有效解决当前供应链业务中因信息透明度低而导致的信息易被篡改的问题。由于供应链金融中的数据信息存储于区块中，保证交易者的信息呈现公开透明的状态，信息的变更情况实时传递至每个客户端，大家能共同发现链中信息的所有变化。一旦数据传输至节点中，区块链就开始行使保护数据的功能，可以在很大程度上保障数据不被恶意篡改，从而达到保护供应链信息安全的目的。从保障信息安全的角度看，将区块链技术应用到供应链金融中具有极大的优势，值得被普遍推广。

（三）数据可追溯有助于企业监管

在"一带一路"供应链金融业务中，为了监察各个企业是否有违规行为，银行或者第三方中介机构会对诸多资料、数据进行定期或者不定期的检查。有些信息被篡改无法察觉；有些交易发生时间记录不详，加上信息繁多，找到具体起因困难。除了监管不便，企业间发生矛盾纠纷时，也不易追溯源头判定双方责任。

这些问题的根源就是传统供应链金融数据较难追溯，而结合区块链技术的供应链金融却可以解决这一难题。区块链具有时间戳功能，并兼具可溯源的特点，在供应链全过程中能帮助信息溯源，确定各项交易和手续发生时间，从而有效解决产品溯源防伪问题。在供应链中，每个环节发生的时间、经办人等各种详细信息写入区块链后，会被打上时间戳，直接有效反映所有交易活动发生的先后顺序，为交易溯源提供可能。时间戳支持为每一笔数据提供查询和检索功能，证明数据归属，并且交易过程可逐笔考证，不可伪造。一旦发生经济纠纷，便可从源头查找事情发生经过，有据可依，彻底还原事情真相，界定各方责任。

应用区块链技术的"一带一路"供应链金融不仅方便企业解决矛盾，而且也有利于市场监管。发现任何有疑问的地方，直接根据交易发生时间查找背后源头，减少企业违规、蒙骗的可能。对于供应链中的产品，也可根据时间戳进行防伪认定，检查是否符合正常情况。产品的原料来源、加工、物流、零售等各个方面信息都被写入区块链，出现问题，参与者可根据电子证据追溯原因，判定责任。

显然，将区块链技术应用到"一带一路"供应链金融中具有极大的优势，大力推广该模式下的供应链金融应该得到鼓励和支持。应用区块链技术的供应链金融中所有信息，包括原材料来源、供销商负责人、物流信息等，均会在区块链时间戳的作用下得到追踪溯源，每个交易的发生时间、交易过程中的各个环节都有据可查，以便后续验收工作顺利进行。若对当中环节有任何疑问的地方，都可以通过此功能还原事情真相，避免不必要的经济纠纷，同时有助于监管部门检查出供应链中的违规行为。应用了区块链技术的供应链金融在维持业务秩序方面做出了巨大贡献，值得被普遍推广。

（四）简化操作步骤提高运行效率

在传统供应链金融业务的实际操作中，流程繁琐，登记手续冗长且重复，账户对接需要签章证明，尤其是在应收账款融资模式中，应收账款不易盘活，因耽误运转而带来的附加手续更是为日常工作平添负担。

但是使用了区块链技术的供应链金融可以轻而易举改变这种情况。区块链有自动执行合约的特点，只要符合融资条件，合约便自动执行，省去了以往的中间步骤。原本由人工完成的签章、登记工作转为在区块里实施，跳出了一定要财务章认定或者背书才能保证安全的传统方式。账户变更或者保理融资中提款，不必签署纸质申请书，在链中依靠记账功能便可完成，省去了大笔人工成本和时间成本。公司通过自身内部系统，如 ERP 系统、供应商门户网站或采购管理系统等，将账款信息传送至银行供应链管理系统（SCF 系统）的标准化接口，该电子文件的法律效力等同为企业经过确认并加盖公章的纸质文件，同样对企业具有限制能力。

2017 年 8 月 16 日，浙商银行成功发布业内首款应收账款链平台，将区块链技术融入应收账款链中，利用区块链的去中心化、分布式记账、智能合约等特点将应收账款改造为融资、电子支付结算工具，成为众多商业银行中首家将区块链应用至应收账款的领先者。账款的签发、保兑、转让等业务均在链中完成，由平台内的节点共同确认，免去以往的人工操作。通过电子签名进行确认，不再采用纸质公章，加速应收账款流转，盘活资产，提高了供应链的运行效率。

在供应链金融中融入区块链技术的银行除了浙商银行，建设银行也做出了相关创新。2018 年 1 月，建设银行首笔区块链国际保理交易成功落地，成为国内首家将区块链技术运用至保理业务的银行。本次应用开创性地将贸易双方同时纳入区块链，并通过智能合约技术对合格的应收账款自动识别和受让，交易全程实现可视化、可追溯，有效解决当前业务中出现的确权流程复杂、报文传输繁琐等操作问题，对防范传统贸易融资中的欺诈风险、提升客户体验具有积极意义。

各种实例证明，将区块链技术融入"一带一路"供应链金融业务值得肯定。将区块链技术运用于供应链金融业务中是我国在计算机技术领域和金融领域迈出的一大步，应该得到广大交易者的信任与尝试。该模式下的供应链金融在实际应用中简化了操作步骤，省去了大量签章环节，为提高供应链金融业务的运行效率给予了有效帮助，交易者在实际使用时会因此节省大量时间和精力。所以，将区块链技术融入供应链金融业务很大程度上会受到市场交易者的欢迎，值得推广。

三、积极应对新技术给"一带一路"供应链金融带来的变化

为了充分迎接区块链技术时代的到来，让供应链金融中的各参与主体尽快适应区块链技术的应用，从而促进新技术在供应链金融中的应用，可以从以下几个方面做准备。

（一）政府推动应用区块链技术的供应链金融的发展

随着经济不断发展、科技日益发达，必然会有新技术、新思想争相涌出，计算机技术与金融融合得越来越密切，我们应该适应这种趋势。为了帮助市场中的交易用户尽早接受应用了区块链技术的供应链金融，政府需要在此时带头表态，充分权衡利弊，带领大家以积极的心态看待这种变化，引导市场接受该模式下的供应链金融。

国家鼓励和支持区块链技术的应用，需要意识到供应链金融创新势在必行。2017 年 9 月 5 日，国务院发文表示支持区块链在金融市场发展，相信中国的区块链产业有望走在世界前列；2017 年 10 月 13 日发表的《国务院办公厅关于积极推进供应链创新与应用的指导意见》中提到，当前我国应致力于研究人工智能、区块链等新兴技术，建立适用于供应链金融的信用评价机制，快速推进各类供应链平台的平稳对接，加强披露信用评级、信用记录、风险预警、违法失信行为等方面的信息并共享给供应链所有参与者。从国家发表意见中可以看出，只要在金融领域应用时保持谨慎的态度，政

府支持将区块链技术应用在供应链中。有了政府的肯定和支持，供应链交易者必定对应用区块链技术的供应链金融充满信心，不再对这一新生事物心存抵触。

（二）金融机构积极研发应用区块链的供应链金融产品或平台

宏观环境上在政府的积极引领和支持下，金融机构应该积极推陈出新，致力于研发应用区块链技术的供应链金融的相关创新产品或平台，靠自己的影响力号召其他金融机构一起转向创新型供应链金融。同时，平台数量增多，便于广大用户接触认识并尝试使用它。

金融机构积极研发基于区块链技术的供应链金融平台，将会在业界引起极大轰动，成功将焦点集中于区块链在供应链金融业务的应用。同行业中有竞争者打破传统，引入了新平台，由此同业其他银行开始关注并重视这一创新成果，并紧跟脚步致力研发新平台或者产品，在市场上推广开来。一旦成功带动区块链技术应用在供应链金融的势头，交易者也会随之增加对该模式下的供应链金融的了解，慢慢适应新趋势，并配合使用，由此间接推动区块链在供应链金融中的发展。

金融机构积极研发区块链供应链金融产品或平台，有助于促进区块链技术在"一带一路"供应链金融业务中的普遍应用。一方面有利于金融机构自身进行业务拓展，增强企业竞争实力，创新产品或技术帮助开发客户资源，直接面向客户推广该模式下的供应链金融业务；另一方面，金融机构相互竞争，相竞创新该模式下供应链金融的相关平台或产品，在金融市场中间接推动区块链技术在供应链金融业务中的应用，让更多供应链用户了解并使用它，有助于该应用的普遍推广。

（三）区块链初创公司积极争取投资公司的融资

开展供应链金融业务的区块链初创公司在完成平台研发后，需要得到投资公司的资金支持，依靠投资公司对企业科研项目的关注获取未来发展机会，建议公司积极争取投资公司对研发项目的投资。对于新技术应用的研发，公司需要用尝试更多方法测试新技术，为了不断改进区块链系统，研发公司需要争取投资公司或者基金公司的投资，获得投资方的关注，让对方看到研发项目的商业价值，缓解因缺乏资金支持而造成区块链在供应链金融中应用受阻的情况，如表6-6所示。

表 6-6　已开展供应链金融相关业务的区块链初创公司融资情况

公司名称	成立时间	融资情况
布比网络技术有限公司	2015 年 3 月 16 日	2016 年 8 月，获得 Pre-A 融资 3000 万元，由招商局创投、界石创投、启赋资本等投资机构联合投资；2017 年 11 月，获得 1 亿元 A 轮融资，由盘古创富、长江国弘、新链创投等机构联合投资。
杭州趣链科技有限公司	2016 年 7 月 11 日	2016 年 8 月，获得 Pre-A 融资 1750 万元，由信雅达、浙大网新和君宝通信联合投资。
北京网录科技有限公司	2016 年 7 月 19 日	2016 年 11 月，获得天使轮融资 1000 万元，由北钦天使基金、英诺天使基金联合投资。
厦门链平方科技有限公司	2017 年 5 月 18 日	2017 年 8 月，获得恩厚资本和旗晖资本 550 万天使轮投资。

目前已开展供应链金融相关业务的若干家区块链初创公司融资情况如上表所示。核心企业与银行一样，在开展业务时需要审核合作公司的运营实力，控制业务风险。对于新研发的应用平台，核心企业不了解它的可靠性，而有了投资公司的支持，大大增加了研发公司的可信度，鼓励核心企业和银行加入联盟链，达成战略合作，为区块链技术应用在供应链金融中的长远发展奠定坚实基础。

（四）加快专业人才培养和技术创新

阻碍区块链技术大规模应用的最大影响因素是技术障碍。只有加强技术创新，不断完善应用中出现的技术漏洞，才能保证区块链技术在"一带一路"供应链金融中应用的安全性和稳定性，从而有利于该供应链模式在金融市场中的普遍推广。

1. 加强区块链技术团队建设，培养专业人才

为了提高区块链技术使用上的安全性和稳定性，保障在应用时不出现差错，便于交易用户放心使用，需要对技术进行不断完善，精进数据算法。技术研发团队是关键，要尽快加强区块链技术的团队建设，培养专业化人才，精心打造队伍，为之后区块链技术运用改良做充足准备。从整体上强化团队能力，划分出专门研究区块链的技术部门，筛选综合素质高的专业人才进入团队，同时向有经验的公司取经，共同合作。有了专业人才作为技术储备，为团队打下坚实根基，相信会为之后的技术更新有很大帮助。

以宝武钢铁集团和远洋海运集团有限公司为例，两家公司正在联合同济大学技术人员积极改进区块链技术，优化服务。公司项目的区块链底层链技术由同济大学区块链团队给予支持和帮助，依托当前已有的技术优势，以及同济大学区块链团队的综合企业实力，不断对供应链平台进行技术创新，打造更加适合企业业务发展的服务平台。

同济大学在实现技术创新中充分体现了对团队建设的重视。当前，我国企业级别的区块链底层技术主要由单一技术公司研发、推进，为更好助力区块链技术与供应链金融的融合，需要联合诸多企业共同发起项目研究。通过整合行业需求、区域资源和历史经验，开发具有高度自主知识产权的与产业应用背景相融合的区块链，塑造中国区块链技术的核心竞争力，从而推动区块链技术在供应链金融中的应用。

2. 加强技术创新，及时解决技术问题

将区块链技术投入使用至供应链金融中进行实际应用时，对于切实技术问题要及时解决，分析可能出现的情况，在技术改进中针对具体问题分别予以解决。例如，区块链系统需要设计出更精密的密码学算法，防止黑客因攻破51%以上的节点而篡改区块中的数据；构建综合验证码，加强网络对接口连接，用户连接时需要验证真实身份，授权后才能进入，防止拥有公钥密码的交易者任意读取无关信息；区块链使用智能合约时，要增强容错机制，防止死循环导致的系统攻击等等。区块链系统的运行速度有待提升也是将新技术应用在供应链金融中需要解决的一大问题。以股票、外汇交易作为对比，两者的交易频次可达到每秒万亿以上，而区块链技术还不能达到这一水平。区块链系统的运行速度很大程度上影响着供应链金融业务的交易速度，系统需要底层核心技术在这方面升级突破，支持业务的正常运行。针对上述这些问题一一攻克，全面保障供应链金融业务的安全和效率，提供区块链供应链平台的稳定性与可靠性。

当前，阻碍区块链技术在供应链金融中普遍应用的最大影响因素是技术问题，技术不过关，首当其冲就是应用平台运行不稳定，影响供应链中的信息安全，导致区块链供应链平台无法有效推广。交易者拒绝尝试新鲜事物，机构推出的区块链供应链金融平台数量较少并缺乏对区块链系统的宣传等情况都可以在时间作用下得以解决，而技术漏洞则是亟待解决的第一要务。加强技术创新，及时解决技术问题，有助于区块链供应链平台在市场中快速推广。

（五）推动区块链技术的法规建设

法律法规的欠缺阻碍了区块链技术在供应链金融中的应用，为了去除这一障碍，应该健全相应的法制建设，帮助业务的顺利拓展。虽然当前更多学者主张将重心放在技术改善与创新方面，但是同步推动区块链技术的法规建设也必不可少。法律法规是维护市场稳定与安全的保护伞，只有保证有法可依、有法必依、执法必严、违法必究，

才能使该技术在实际应用时保证用户权益。

1. 明确行业标准

设立法律条规前首先要明确行业标准。行业标准是对行业内的各项达标要求做出的统一规定，是业内人必须遵守的准则。行业标准中应明确规定区块链在使用时能够允许触碰的界限范围，并指出与区块链优势相违背的行业或者业务禁止使用该技术。这一标准不仅要在供应链中达成一致，所有运用到区块链技术的行业都应该达成统一标准，对大家进行集体约束。这个标准应该对涉及区块链技术的行业普遍适用，制定时可以以国外情况和以往国内新技术诞生后发生的潜在风险作为参考依据，再结合我国"一带一路"发展阶段进行确定。

在规定行业标准时，要明确区块链在应用时会面临的潜在道德风险和违规行为是什么。为了引导区块链技术在供应链金融业务中的应用往健康方向发展，思考交易者利用新技术最可能出现的不道德行为是什么，怎样的行为是属于合规范围内的，将其进行总结，设定统一行业标准。

2. 积极推动相关法规建设

确定好行业标准后，开始着手推动相关法规建设。法规设立的意义在于可以有效引导和约束交易者在使用区块链供应链金融业务时的行为，并且明确规定区块链使用的允许范围，所有交易者在业务限定范围内使用区块链供应链金融平台。由全国人民代表大会建立相应法规框架和惩罚准则，确定交易双方的责任和义务，从而保障区块链技术在"一带一路"供应链金融应用时金融市场的安稳。

初步确立规则后，根据市场情况后续进行不断调整、完善与改进，在发挥区块链优势的同时争取使供应链金融运行风险降低，让该模式下的供应链金融与交易者磨合得更融洽。时刻观察、记录区块链在应用时出现的异常情况，总结归纳，出现规章制度不健全因素导致的问题，立即对法规进行更新、整理，积极推动并健全相关法规建设，在制度上最大程度上保障区块链技术在供应链金融应用时的稳定与安全。

3. 加强对区块链技术在供应链金融应用的监管

仅仅建立法律条款而缺乏相应的监管机构不完全足够，必须同时加强对应用区块链技术的供应链金融的监管。法律条规的制定存在滞后，而设立监管部门可以立即生效，对供应链实施监督，相比条规建设，加强对新技术应用的监管更加重要。对于区块链这一新生事物，需要在传统金融监管机构划分出特定部门专门负责区块链方面的业务，加强对该模式下供应链金融的监管。传统金融监管机构对创新供应链金融业务监管没有针对性，也不再适用。随着互联网技术的更新与发展，区块链技术的使用必将越来越广泛，监管部门需及时着手行动，成立针对运用区块链技术的供应链金融的监管部门。成立了相应的监管部门，新模式下的供应链金融在操作中就有了监督者，保障业务的安全进行，有利于消除用户心中的顾虑，让用户放心尝试该应用，从而克服区块链技术在供应链金融中的应用障碍。

一方面，对于区块链去中心化的特点而弱化监管意识这一现象，需要通过加强监管约束交易者的交易行为。区块链技术在供应链金融中的应用并不成熟，在享受该应用带来便利的同时，还需防范部分交易者在操作时可能出现的欺诈行为。融入区块链技术的供应链模式使所有参与主体不再由银行主导，所有主体处于同等地位，这种变化可能造成交易者放任行为，遵纪意识下降。为了约束交易者的行为，需要加强对新模式供应链金融的监管，提高使用者的自律意识，引导区块链在供应链金融中的应用往健康方向发展。

另一方面，对于信息高度透明这一情况，需要通过加强监管保护客户隐私。将区块链技术应用在供应链金融中，信息披露程度被大大提高，高透明度的交易信息有利于保护供应链信息不被篡改，但同时需要通过加强监管防范客户隐私泄漏问题。信息披露是把双刃剑，披露程度低造成信息篡改风险，披露过多又会无形中泄漏客户隐私。在保护信息安全的同时为了保证客户利益不受损，需要专门的监管部门对交易者在信息使用方面进行监督，约束交易者将信息用于正当用途。

参考文献

[1] 巴比特 . 区块链十年 [M]. 北京：中国友谊出版公司 .2019.

[2] 刘立丰，王超，王靖波 . 区块链的逻辑 [M]. 北京：中国人口出版社 .2019.

[3] 李亿豪 . 区块链 + 区块链重建新世界 [M]. 北京：中国商业出版社 .2018.

[4] 谈毅 . 区块链 + 实体经济应用 [M]. 北京：中国商业出版社 .2019.

[5] 保险区块链项目组 . 保险区块链研究 [M]. 北京：中国金融出版社 .2017.

[6] 刘振友 . 区块链金融 [M]. 北京：文化发展出版社 .2018.

[7] 戴永彧，林定芃 . 区块链风暴 [M]. 北京：企业管理出版社 .2018.

[8] 李光斗 . 区块链财富革命 [M]. 长沙：湖南教育出版社 .2018.

[9] 中国国际经济交流中心"一带一路"课题组 ."一带一路"倡议与构想 "一带一路"重大倡议总体构想研究 [M]. 北京：中国经济出版社 .2019.

[10] 沈玉良；孙立行 . 中国与"一带一路"沿线国家贸易投资报告 2018[M]. 上海：上海社会科学院出版社 .2019.

[11] 顾炳文 . 风口区块链 [M]. 北京：民主与建设出版社 .2018.

[12] 马永仁 . 区块链技术原理及应用 [M]. 北京：中国铁道出版社 .2019.

[13] 徐远重 . 三链万物 社群区块链哲思 [M]. 北京：东方出版社 .2019.

[14] 熊健，刘乔 . 区块链技术原理及应用 [M]. 合肥：合肥工业大学出版社 .2018.

[15](美)梅兰妮斯万，韩峰 . 区块链 新经济蓝图及导读 [M]. 北京: 新星出版社 .2018.

[16] 丁俊发 . 供应链产业突围 [M]. 北京：中国铁道出版社 .2017.

[17] 丁俊发 . 供应链企业实战 [M]. 北京：中国铁道出版社 .2017.

[18] 郭梦秋，李晶，龚晨 . 初识供应链 [M]. 郑州：河南人民出版社 .2017.

[19] 丁俊发 . 中国供应链管理蓝皮书 2017[M]. 中国财富出版社 .2017.

[20] 郝玉柱，孙志伟 . 国家战略 "一带一路"热点问题深度剖析 [M]. 北京：中国经济出版社 .2017.

[21] 王东波，黄世政，庞凌 . 供应链管理实务 [M]. 北京：北京工业大学出版社 .2018.

[22] 丁俊发 . 供应链国家战略 [M]. 北京：中国铁道出版社 .2018.

[23] 蒋长兵，吴承健 . 现代物流理论与供应链管理实践 [M]. 杭州：浙江大学出版社 .2006.

[24] 马春莲；郭杰. 供应链管理 [M]. 北京：中国书籍出版社 .2018.

[25] 丁俊发. 供应链理论前沿 [M]. 北京：中国铁道出版社 .2017.

[26] 杨蓉；童年成. 一带一路与中国国际物流新战略 [M]. 北京：中国经济出版社 .2016.

[27] 王云，郭海峰，李炎鸿. 数字经济 区块链的脱虚向实 [M]. 北京：中国物资出版社 .2018.

[28] 张浪. 区块链 + 商业模式革新与全行业应用实例 [M]. 北京：中国经济出版社 .2019.

[29] 陈东敏，郭峰，广红. 青岛"链湾"区块链系列丛书 区块链技术原理及底层架构 [M]. 北京：北京航空航天大学出版社 .2017.

[30] 鑫苑集团. 技术信任创造价值 区块链技术的应用及监管 [M]. 北京：中国经济出版社 .2018.

[31] 陈宏，（中国）黄滨. 透明数字化供应链 [M]. 北京：人民邮电出版社 .2019.

[32] 刘灿姣. 知识供应链中的数字资源共享研究 [M]. 长沙：中南大学出版社 .2017.

[33] 甄伟锋. 数字媒体时代背景下互联网广告受众行为分析与供应链形成研究 [M]. 长春：吉林出版集团股份有限公司 .2017.

[34] 周苏，孙曙迎，王文. 大数据时代供应链物流管理 [M]. 北京：中国铁道出版社 .2017.

[35] 孙克武. 电子商务物流与供应链管理 [M]. 北京：中国铁道出版社 .2017.

[36] 王先庆. 新物流新零售时代的供应链变革与机遇 [M]. 北京：中国经济出版社 .2019.

[37] 李赫；何广锋. 区块链技术 金融应用实践 [M]. 北京：北京航空航天大学出版社 .2017.

[38] 刘振友. 区块链金融 [M]. 北京：文化发展出版社 .2018.

[39] 董海. 网络化制造环境下供应链库存优化控制研究 [M]. 北京：冶金工业出版社 .2017.

[40] 徐清军. 全球价值链及多边贸易体制研究 [M]. 上海：上海人民出版社 .2017

[41] 林勇. 供应链通用件库存管理 [M]. 武汉：华中科技大学出版社 .2008.

[42] 彭志忠. 现代物流与供应链管理 [M]. 济南：山东大学出版社 .2002.